木结构

常丽红 著

古建筑预防性保护及技术应用

PREVENTIVE PROTECTION AND
TECHNICAL APPLICATION
OF ANCIENT TIMBER
BUILDINGS

U0173299

中国建筑工业出版社

图书在版编目（CIP）数据

木结构古建筑预防性保护及技术应用 = PREVENTIVE
PROTECTION AND TECHNICAL APPLICATION OF ANCIENT
TIMBER BUILDINGS / 常丽红著 . —北京：中国建筑工
业出版社，2021.5（2024.8 重印）
ISBN 978-7-112-26132-1

Ⅰ . ①木… Ⅱ . ①常… Ⅲ . ①木结构—古建筑—保护
—研究—中国 Ⅳ . ① TU-092

中国版本图书馆 CIP 数据核字（2021）第 079917 号

数字资源阅读方法：

本书提供图 2-25，图 3-10，图 3-21，图 3-31~ 图 3-33，图 5-2，图 5-6 的
彩色版，读者可使用手机 / 平板电脑扫描右侧二维码后免费阅读。

操作说明：扫描授权进入"书刊详情"页面，在"应用资源"下点击任一图号
（如图 2-25），进入"课件详情"页面，内有 8 张图的图号。点击相应图号后，再点
击右上角红色"立即阅读"即可阅读相应图片彩色版。

若有问题，请联系客服电话：4008-188-688。

责任编辑：李成成
责任校对：姜小莲

木结构古建筑预防性保护及技术应用
Preventive Protection and Technical Application of Ancient Timber Buildings
常丽红　著

*
中国建筑工业出版社出版、发行（北京海淀三里河路 9 号）
各地新华书店、建筑书店经销
北京雅盈中佳图文设计公司制版
北京中科印刷有限公司印刷
*
开本：787 毫米 ×1092 毫米　1/16　印张：8¼　字数：156 千字
2021 年 6 月第一版　2024 年 8 月第三次印刷
定价：**35.00** 元（赠数字资源）
ISBN 978-7-112-26132-1
（37227）

序

　　木结构古建筑是中国古代建筑的主体，历史悠久、类型丰富、营造技术独特，是我国珍贵的历史文化遗产，具有极高的历史、科学和艺术价值，为世界瞩目。

　　木结构易于取材、加工，同时可塑性较强，研究表明，木结构和斗栱还具有一定的抗震减震作用。但由于木材属于生物性材质，受周围温度、湿度影响较大，易于产生腐朽、虫蛀，会出现霉菌或开裂等病害。同时自然灾害与人为因素也同样易于对木结构古建筑产生破坏，因此木结构也存在一定的弊端。

　　近年来，面对木结构古建筑的保护问题，我国相关部门投入大量的人力、物力和财力。通过抢救性修缮保护，不仅改善了部分古建筑的残破现状，也最大限度地留存了大量古建筑，为后续学者提供了研究的实物主体。随着社会的快速发展，目前我国文物保护正逐步地由抢救性保护为主，向抢救性与预防性并重的观念转变。预防性的科学保护工作为古建筑内部残损的判定提出了无损（微损）、可视化、可量化等要求，这些要求加速了我国近些年相关技术的研发和探索，而如何利用无损检测技术对木结构古建筑残损进行病原查找、如何搭配使用无损（微损）技术、检测数值精度的有效判定等都成为迫切需要解决的问题。《木结构古建筑预防性保护及技术应用》一书，正是此类研究中的一次有益的探索。

　　近年来，本书作者一直在从事建筑遗产保护与传统村落保护发展的理论教学和科研实践工作。针对古建筑保护、木构件残损特征、内部缺陷无损检测方法、微钻阻力影响等方向取得一定的研究成果，并在国内多个核心期刊进行了发表。针对预防性保护中有关内部缺陷精度有效判定的问题，本书作者提出基于 Shapley 值建立相关模型进行判定的观点，其成果在国外期刊进行了发表，除此之外，还申请并授权了多个发明专利。

　　本书作者将多年的研究成果汇集成书，该书内容包括木结构古建筑预防性保护方法、木构件树种选择、古建筑易损点、内部残损判别及检测方法、剩余承载力预测等，以及建立预防性保护体系框架和保护技术实施的设想。

　　希望本书的出版能为从事预防性保护或遗产保护以及微损检测研究的学者及从业者提供一些支持。

戴　俭

2021 年 2 月 3 日于北京

前　言

　　我国古建筑多以木结构为主，具有较高的历史、艺术与科学价值，是文化遗产保护的重点内容，受自然灾害或使用年限的影响，常出现残损现象。同时木构件具有生物材料特性，还存在易腐易蛀，造成内部空洞等现象，在保护不当的情况下，建筑常发生歪闪变形、坍塌等。古建筑的损毁破坏建筑自身的原真性，木构件表面的彩画、雕刻等艺术形式也会受到影响，后果十分严重。面对以上问题，目前较多采用被动式修缮或抢救性维护，但缺乏前期预防性保护及相关技术支撑，致使多数木结构古建筑错过最佳修缮和保护期，最终面临长年微小的残损不断恶化，发展为无法修缮或突然坍塌，造成古建筑自身文化永久流逝，同时还危害人身安全。因而，探索木结构古建筑预防性保护及技术应用至关重要。

　　本书对我国南北方木构件古建筑常用材料进行调研以及取样分析，总结南北方木构件古建筑常用树种以及主要残损肌理。同时对木构件古建筑的体系特点、材料特征、残损肌理以及耐久性进行研究，将内部残损的木构件作为主要研究对象，对预防性保护进行了内部检测方法、精度等相关技术的深入剖析。

　　此外，通过小试件，对试件加工方法进行阐述，对无损检测以及物理力学试验建立相关联系，寻找木结构古建筑预防性保护的相关技术应用。

　　其后，通过缩尺试件的试验，提出针对木构件古建筑发生残损时，对其进行剩余荷载力预测的相关无损检测技术研究，并在书中提出木构件古建筑预防性保护体系及相关应用方法流程。

　　我国自古便有预防性保护的相关理念。木构件古建筑的预防性保护，有目视查看、敲击辨声、触碰按压等传统方式，但存在辨别结果无法可视化、无法量化或需要具有十几年的经验支撑的问题，导致古建筑常陷入盲目维修、被动式保护或冻结式保护，最终造成相关古建筑损毁。随着科技的发展，相关检测方法层出不穷，在最大限度保护原真性的前提下，应用无 / 微损技术对木构件古建筑进行预防性保护，并不是对传统的预防性保护方法及技术的全盘否定，在实际操作中可根据具体情况，将传统的预防性保护方法与现代科技下的预防性保护技术进行配合应用。此外，预防性保护涉及众多学科的交叉，在实施保护的过程中，预防性体系的搭建以及保护技术的实施是必要的。

目 录

第1章 绪 论

　　我国地域辽阔，历史悠久，建筑是一个民族物质文化的重要组成部分，综合反映该民族在特定的历史时期的科学和文化艺术水平。我国现存宋、元、明、清等时期的古建筑，数量庞大，种类繁多。在世界建筑史上，中国古建筑在结构、布局和艺术形式上，不但与西方建筑有明显差异，而且在东方三大建筑体系中也具有独特个性。古建筑以木构件为主要承重构架，几千年来一脉相承，形成了特有的建筑风格，其形制、材料、施工工艺等记载着中华民族的发展历程，是认知历史的证据。有学者在早期就对古建筑进行整理和研究，特别是从20世纪30年代起，对古建筑遗产作了大量的现场调研，从而为我国古代建筑研究奠定了基础。

　　古建筑具有较高的历史、艺术与科学价值，是文化遗产保护的重点内容，受自然灾害或使用年限的影响，常出现残损现象，同时木构件具有生物材料特性，还存在易腐易蛀、内部空洞等现象，在保护不当的情况下，建筑常发生歪闪变形、坍塌等现象。

　　目前被动式的修缮方法，常导致木结构古建微小的损伤，因为错过修缮、维护，使受损处不断恶化，最终导致彻底损坏。

　　预防性保护能够从被动性保护转换为主动性保护，通过对我国南北方古建筑木构件材料进行调研以及取样分析，研究古建筑木构件的体系特点、材料特征、残损类型、材质性能等，明确古建筑木构件的保护对象、方法和内容，从这三个方面构建预防性保护体系。通过相关预防性保护技术研究，寻找适宜的相关方法，努力构建预防性保护相关体系。

1.1 古建筑木构件价值及面临保护问题

1.1.1 古建筑木构件相关价值

古建筑木构件具有自身价值，包括历史价值、艺术价值和科学价值。对古建筑价值的认知，随着社会的发展，不断提高和深化[1]，主要表现为：

历史价值：古建筑木构件经历了一段时间，具有时间属性，见证了该时间段内的人类生活、社会发展等各方面状况，能够真实反映某一时期的历史，如重大事件历史活动、重要人物等，并能真实地显示实践和任务活动的历史环境，同时体现了该时期的生活方式、思想观念、社会风尚。建筑的存留可以用于证实、订正和补充文献对史实的记载，也展现了古建筑自身的经历、发展、变化。古建筑历经时间久远，保存至今的建筑实物，数量日益减少，其稀缺性更加凸显了历史价值。

艺术价值：古建筑木构件在最初创作、延续使用的历史时间中，能够反映审美标准、艺术形式和时代特征。如构件的大小体量、比例尺度等具有艺术美感。同时，依附于古建筑木构件上不同时代的壁画、雕塑、碑刻等，表达艺术的处理手法带有时间烙印，具有时代特征，为艺术史提供直观、形象、真实的信息。

科学价值：古建筑木构件在选材、造型、结构设计、构件加工制作等方面体现了建造技术，代表了一定时期的科学技术水平。建筑技术的合理性、科学性、先进性，可为建筑技术的发展提供一个基本的维度和参考坐标，也为日后研究、拓展提供基础。

古建筑除以上几种价值以外，近年来，有学者提出存在文化价值和经济价值等，这就说明对于古建筑的认知在不断地提高和深化。

1.1.2 古建筑保护相关问题

一方面，我国古建筑木结构类型丰富，营造技术独特，历史悠久，文化底蕴深厚；另一方面，我国国土幅员辽阔，环境复杂，古建保存状况差异很大，构件复杂，使用年限久远，自然灾害频发，同时全社会处于城市化、工业化、信息化高速发展时期，使我国古建筑木构件安全状况更为复杂多样。例如我国地震、洪水等自然灾害的频繁发生，木构件易出现变形、位移、沉降等现象；在经济体制刺激下，人为地破坏、拆除、改扩建大量古建筑，导致古建筑木构件原真性遭到破坏和流逝，依附于木构件之上的壁画、装饰物等附属文物，也有不同程度的损毁；此外，木构件作为古建筑的承重骨架，使用年限过久也会导致力学强度降低，同时木构件常存在渐进式的腐朽、虫蛀、劈裂等问题，使得古建筑木构件残损、位移、变形，日益严重造成巨大损失。

探究古建筑木构件保护中存在的问题，主要表现在：

1.1.2.1 重抢救性保护观念

古建筑面临不同灾害的问题越来越突出。近年来古建筑木构件的保护逐渐受到重视，但现有保护方法相对单一、保护理念相对滞后。面对不断流逝的古建筑，造成修缮难度加大，或无法修复（图1-1）。

图 1-1 古建筑遭到破坏

1.1.2.2 非科学性保护方法

古建筑木构件其材质属性为生物材料，由各种纤维素、半纤维素和木质素等有机物组成[2]，本身存在着易腐朽、易虫蛀的缺点[3-4]，经过长期的自然风化、地震以及昆虫和微生物的侵害[5]，加之其他社会因素（如战乱、人为破坏、保护不力等），致使保留至今具有上千年历史的古建筑已寥寥无几。如今古建筑变形、沉降等检测方法较多使用传统人力进行现场采集测量[6]，测量采集数据中有时出现对古建筑的破坏，例如古建筑瓦构件脆弱，传统测绘时，难免存在触碰或踩踏构件，易出现边测绘边破坏的情况。此外，传统木构件内外检测，主要是依靠较有经验的工匠目测查看、敲击辨声[7]，但木构件内部缺陷及材质性能无法准确判断，或检测数据不可量化，或检测过程破坏木构件原真性，最终常造成不当修缮（图1-2），严重影响了古建筑的保护初衷。特别

（a）

（b）　　　　　　　　　　　　　　　　（c）

图 1-2　古建筑木构件不当修缮现象
（a）大梁表面木板修补；（b）柱脚水泥修补；（c）柱中木板遮挡残损点

在未经过价值评估及安全性鉴定的基础上，盲目对古建筑进行拆解或维护，对古建筑木构件的安全性造成错判或误判，继而使大量历史信息流逝。

1.1.2.3　缺乏实践保护的指导性

随着城镇建设和城市旧城改造，古建筑木构件在改造中存在急功近利、教条主义、盲目崇拜国外保护方式方法的现象，致使古建筑遭到破坏或损毁。在古建筑现场修缮或保护中，因缺乏实践的专业技术指导，造成我国古建筑常出现非科学性修缮现象，例如在新技术及新设备的使用中，缺乏有效的技术指导，导致最终评估标准参差不齐。

1.1.2.4 公众参与及社会协作意识淡薄

我国文保事宜主要以国家及地方文物保护单位为主，公众参与性较弱。长期以来形成公众参与感及使命感薄弱的局面，人们对古建筑保护认知较少，提出的保护策略或实施管理较难推行及实现，无法充分实现群众参与以及利用社会力量，保护意识淡薄。在古建筑保护中，特别是历史街区古建群的保护，更需要通过广大人民和不同渠道了解各方实际情况及需求，搭建专家与公众的对话平台，同时通过宣传提高社会大众对古建筑保护的关注。

以上说明现有的保护方法相对单一、保护理念相对滞后，在对古建筑木构件的保护中，仅依靠建筑损毁后的抢救性保护及非科学的方法模式，显然不能从根本上解决问题，需要探索新的古建筑木构件保护方法，对其残损及材性检测进行适宜技术研究。比较国内外损毁后的检测、修缮工程、抢救性等保护方法，发现预防性保护能在最小干预的情况下，对其维护保养等，使得古建筑木构件防微杜渐，避免落架等破坏建筑原真性的保护修缮工程。在中华文化之源、哲学之根的《易经》中就已经提出"居安思危"的忧患意识 [8]。《周易·既济》中"君子以思患而豫防之"，《乐府诗集·君子行》中"君子防未然"[9] 等均说明防患于未然的思想与预防性保护的理念极为相通，其保护方法适宜我国传统思想及国情。

1.2 预防性保护技术

1.2.1 预防性保护理论层面

1.2.1.1 国外预防性保护相关规制

预防性保护一词来自"Preventive Conservation"的直译 [10]。最早的预防性保护概念于 1930 年在罗马召开的第一届艺术品保护科学方法研究的国际会议上提出，主要针对文物环境的控制，例如对文物环境的温、湿度控制 [11-15]。1931 年 10 月 21 日至 30 日，在雅典召开建筑类文物古迹国际会议，会议主要从导则、管理立法措施、美学价值、修复材料、保护技术和国际合作等方面进行探讨。大会总结出摒弃样式修复，提倡日常维护和定期维修。历史文物的保护需要社区公众的参与，在修缮中新材料的使用应具有可视性，同时由于古建筑特殊的要求，需要保存古建筑的原真性，故在新材料的使用中尽可能选取隐蔽部位。国际会议结束形成《雅典宪章》，这是第一个在国际文件中提出的现代保护政策。宪章还提出每个国家或设立专门的相关机构出版有关文物古迹的详细清单，同时清单中附有照片和文字注解，还介绍了历史性纪念物保存的总体进展和方法。《雅典宪章》对今后工程实践以及日后其他宪章产生影响。1964年5月25至31日在威尼斯召开历史文物古迹保护国际会议，参加者众多，其中有联合国教科文组织（UNESCO）、国际文物保护与修复研究中心（ICCROM）、国际博物馆协会（ICOM）等参与大会，会议中将历史城镇纳入历史文物古迹保护的范畴，同时指出"将建筑遗产报告的基本内容公开是非常重要的，一切保护、修缮或发掘工作应有插图和照片的分析及评论报告，要有准确的记录；清理、加固、重新整理与组合的每个阶段以及工作过程中所确认的技术及其形态特征均应包括在内。"

至20世纪80年代，预防性保护广泛应用于西方国家文物馆文物保护中，经过不断的探讨及实践，预防性保护逐渐发展成一门独立的学科。20世纪90年代之前在文化遗产保护中应用了过程控制模型[16]，90年代初期面对风险问题逐渐开展管理研究[17-18]。预防性保护理念应用于建筑遗产领域源于20世纪90年代，意大利文保专家Cesare Brandi在《修复理论》中提出"文化遗产保护最重要和有限的原则应该是对艺术品采取预防性保护措施，优于紧急情况下的临终抢救性修复"，该书在意大利遗产保护领域中有较大影响，同时书中对预防性保护概念的诠释引起广泛关注。1927年意大利制定的《修复章程》中对预防性保护进行深入诠释，明确指出从修复结果评估的角度采取预防性保护措施是为了避免对艺术品实施更大规模的干预。1987年意大利制定《艺术品和文物保护及修复章程》，章程中明确指出预防性保护主要保护艺术品及其周边环境条件的共同保护行动。同年ICOMOS颁布《历史城镇和城市地区的保护宪章（华盛顿宪章）》，在保护宪章的第十四条指出，为了居民的安全与安居乐业，应保护历史城镇免受自然灾害、污染和噪声的危害。不管影响历史城镇或城区的灾害性质如何，必须针对有关财产的具体特性，采取预防和维修措施。

20世纪80年代末至90年代，世界局部地区发生动荡，如1990年至1991年的海湾战争，1992年4月至1995年12月波黑战争，1991年至1999年南斯拉夫内战等使得文物损坏；此外加利福尼亚地震、澳大利亚和亚马逊发生火灾等自然灾害，都给建筑遗产造成了危害，因此许多遗产保护机构和专业人士提倡预防性保护措施，而不是灾后的周期性治疗。

1992年6月14日联合国环境与发展大会通过《里约环境与发展宣言》（《里约宣言》）[19]，在原则十五中提出："为了保护环境，各国应按照本国的能力，广泛使用预防措施。遇有严重或不可逆转损害的威胁时，不得以缺乏科学证据为理由，延迟采取符合成本效益的措施防止环境恶化。"同年 10 月，ICOMOS 推出蓝盾运动，寻求新的保护态度和做法。1996 年 7 月建立蓝盾国际委员会，代表 ICOMOS、ICOM、ICA 和 IFLA 负责协调应急救灾，形成文化遗产风险框架，预防式保护理念不断得到认可。1999 年 ICOMOS 颁布《历史性木结构保护原则》（ICOMOS Principles for the Preservation of Historic Timber Structure），指出在对木构件干预前应对其残损、结构进行检测，同时提出日常监测及维护的重要性。2003 年加拿大自然博物馆的 Robert Waller 建立了对文化遗产风险评估模型 [20]。

综上所述，从 1930 年第一届艺术品保护科学方法研究的国际会议上提出预防性保护理念之后，遗产保护的思想从紧急抢救性修缮逐渐转向预防性保护。与此同时，通过实例不断将预防性保护应用于实践中，使保护主题与周边环境相互结合。随着战乱的人为破坏、自然灾害的损毁等因素使得遗产面临威胁，预防性保护理念得到了推行，逐渐使预防性保护成为独立学科，形成了系统化的研究。

1.2.1.2 国内预防性保护相关规制

先秦（公元前 483~ 公元前 402 年）的儒学经典著作《礼记·中庸》中提出："凡事豫则立，不豫则废"指做任何一件事情，一定要有所准备才能成功，没有准备就开始着手做则会失败。可见古代圣贤之人早就存在预防为主的哲学思想。

我国自古就有"防患于未然""防病胜于治病"的古训，"预防"的词汇在我国最早出现在《周易·既济》中记载的"君子以思患而豫（预）防"，意思为：君子要思谋远虑，事成之后，考虑将来可能出现的弊端，防患于未然，提前做好预防措施，可见我国预防思想可追溯至早期的医学中。在《素问遗篇·刺法论》中记载：

"黄帝曰：余闻五疫之至，皆相染易，无问大小，病状相似，不施救疗，如何可得不相移易者？岐伯曰：不相染者，正气存内，邪不可干，避其毒气，天牝从来……" ①

文中的"五疫"是各种疫疠病的总称。医者认为大自然由五种要素组成，将五行的金、木、水、火、土用于中医中，根据五行理论将疫疠分为木疫、火疫、土疫、金疫、水疫五种。当人正气较为充胜时外邪难易侵袭，疫症是秽气所致，不论各年龄层的人，一旦接触，基本上都会被传染，引发相似的病情。"避其毒气"的"避"指预防外邪，从而达到减少病发的目的。此外《黄帝内经》中"圣人不治已病治未病，不知已乱治未乱" [21]；《千金药方》把预防传染病的方剂列于伤寒章之首等均体现预防性在我国医学界很早就备受推崇。除了医学，宋代的叶适在《辩兵部郎官朱元晦状》中写道："陛

---

① 佚名．黄帝内经：素问遗篇，刺法论篇第七十二 [M]．

下原其用心，察其旨趣，举动如此，欲以何为！诚不可不预防，不可不早辩也。"可见预防性保护理念可应用于不同事件及群体，对于预防性保护建立起了一套预防的系统理论体系。

这种防患于未然的思想从医学逐渐发展到各个领域，我国古建筑木结构预防性保护主要表现在日常维护和经常性的修缮，在《大清会典·内务府》中提到"保固年限"：

"宫殿内岁修工程，均限保固三年。新建工程，并拆修大木重新盖造者，保固十年……。"①

此外地方性也依照习俗自成一套保护"系统"，如在梅雨季节前会对房屋进行提前修缮或维护，预防雨水的渗漏，在天气干燥期间会敲锣提示人们小心火烛等。

我国近代的古建筑保护观念和方法始于 20 世纪 30 年代。新中国成立后国内面临大批损毁或有待保护的文物，针对我国国情，国家于 1982 年通过并实施《中华人民共和国文物保护法》，近年不断修改。2013 年 6 月第三次会议进行了修改，《中华人民共和国文物保护法》中第四条提出文物工作应贯彻保护为主、抢救第一、合理利用、加强管理的方针；第十一条提出"文物是不可再生的文化资源，国家加强文物保护的宣传教育，增强全民文物保护的意识，鼓励文物保护的科学研究，提高文物保护的科学技术水平"，从中可知，我国逐渐将保护措施运用至文物中。

1992 年由国家技术监督局和中华人民共和国建设部联合发布《古建筑木结构维护与加固技术规范》GB 50165—92 [22]，国家制订了针对古建筑木结构的加固和修缮有关标准，从而加强木结构古建筑的科学保护。我国在 2002 年参考以 1964 年《国际古迹保护与修复宪章》(《威尼斯宪章》) 为代表的国际原则，同时依据我国文物古迹的实际情况和从事文物古迹保护工作者的经验，编制《中国文物古迹保护准则》，有效地将国家文化遗产保护的原则与我国的切实情况相结合。准则中提出文物古迹的三大价值、保护程序、调查对象等，特别是在第三章保护原则中第二十条提出："定期实施日常保养。日常保养是最基本和最重要的保护手段。要制定日常保养制度，定期监测，并及时排除不安全因素和轻微的损伤。"第四章保护工程中强调日常保养能够预防外力侵害，是一种预防措施，它可适用于任何保护对象。在进行预防性保护时，需指定保养制度，发现存有隐患的部分要实施不间断的监测，并进行多数据记录存档。

---

① 大清会典·内务府：卷 94 [M].

2004 年国家文物局颁布《全国重点文物保护单位保护规划编制要求》，对生态保护提出应维护地形地貌、防止水土流失、防治风蚀沙化，同时涉及防火、防洪、防震等急性灾变的保护措施，应制定应急措施预案。

2009 年由国家文物局和国际文物保护修复研究中心主办，中国文化遗产研究院承办的"2009 年亚太地区预防性保护：藏品风险防范研修班"在北京召开，这是预防性保护首次在国内作为专题正式出现，该会议主要针对藏品的风险预控、防范讨论，对建筑的预防性保护并未涉及，但建筑遗产的预防性保护研究已受到关注。

2009 年清华大学肖金亮《中国历史建筑保护科学体系的建立与方法论研究》一文指出，历史建筑保护科学的方法论可以拆分为三个组成部分：多学科组成的学科群、符合多学科保护特点的合理工作流程、保护工作的独特原则，在这三个部分共同作用下形成一个成功的保护工作系统[23]。论文对保护体系的研究进一步提升到哲学层面上，对系统论与历史建筑的内涵、价值理性技术的和谐统一、综合集成系统方法论与历史建筑保护工作的关系等问题进行了相应的讨论。

2011 年 10 月，在南京东南大学召开"建筑遗产的预防性保护国际研讨会"，此次会议是我国首次针对建筑遗产、以预防性保护为主体的学术会议，明确将预防性保护运用到建筑中，会议中提出"日常维护胜于大兴土木，灾前预防优于灾后修复"，将预防性保护运用到建筑遗产的保护中，可使病害提前发现，将其控制在最小的范围内，相比抢救性修缮预防性保护更注重可持续性，与我国的国情相适应。

2013 年，重庆大学贺欢在《我国文物建筑保护修复方法与技术研究》一文中，根据国外相应的文件以及国内相关的规范，对修复设计的文本内容进行阐述。对文物建筑保护修复设计的方法进行研究，希望能够明确保护修复设计自身的特点，更好地保护文物建筑这一独特的建筑类型[24]。阐述了文物建筑保护修复设计的工作重点，规范设计的过程和内容。

纵观国内外预防性保护相关机制的出现和演变可知，预防性保护理念已经在有意或无意中较早地出现并取得一定的成果，欧洲早期主要针对艺术品馆藏文物进行保护，后期不断将预防性保护理念及技术运用到整体建筑中，但较多以砖石结构为主。我国早期的预防性保护思想在儒学经典著作中有所体现，医学中得以实践。针对古建筑木构件的预防性保护规制，在明清官式建筑中较多体现及应用，我国对古建筑木构件预防性保护规制，主要表现在新中国成立后颁布的《中华人民共和国文物保护法》《古建筑木结构维护与加固技术规范》等上面。

1.2.2 预防性保护技术层面

1.2.2.1 国外预防性保护相关技术

古建筑因其历史文化和原真性、不可再生性需要保护，而古建筑木构件是否能够得到完善的保护和修复，保护技术是关键性的环节。国内外在对古建筑保护或修缮时，都秉承原真性的基本原则，避免产生破坏文物本体的行为。"如何保护古建筑，使用何种技术保护"是迫切需要解决的问题，基于预防性的保护理念，国内外在保护技术中存在明显差异性。

（1）初期档案记录技术

荷兰在古代社会就有专门从事维护的机构，1967年荷兰文物古迹监护（Monument Watch）的创始人 Walter Kramer 负责调查荷兰福尔堡省（Voorburg）的 Kempen towers 的结构现状，同时对建筑现状列出目录清单。Walter Kramer 发现 Kempen towers 年久失修，存在很多残损问题，但这些问题初始时无人管辖，Walter Kramer 逐渐意识到古迹文物维护的重要性，此后 Monumenten Wacht 的定位为预防保护，倡导预防胜于治疗，提出利用便捷的检测设备如望远镜、梯子、电脑等，通过定期的检查或小型维护，能够预防建筑的损毁。

北欧手工艺保护中心（Nordic Centre for Preservation of the Crafts）位于丹麦，由于当时历史建筑的损毁缺少维护，以及能够修缮历史建筑的工匠较少，在这种情况下，1986年，北欧手工艺保护中心以私人基金会的形式建立起来。中心主要进行传统手工艺的保护研究以及技术培训。2004年建立了专门从事维护建筑的保护中心，主要技术为：每年对历史建筑进行目测检查，检查时研究人员同用户一起，当场对检查结果给予口头建议，不提供书面报告。同时也针对五年维护计划，对历史建筑各个部分进行检查，除主要构件外，细节可达门窗、楼梯、烟囱等。检查完后对建筑状况及保护措施以报告的形式呈现，报告对近期、远期的维护提出目标及建议 [25]。

英国是第一个进入工业化的国家，1800年以前，工业化给古建筑带来各种问题，如环境污染造成的古建筑立面色彩脱落，大量工程的扩建使古建筑遭到拆除。1877年《古建筑保护协会的宣言》发布，保护协会成立，为了使受到损坏的古建筑不被再次破坏，英国政府组织大批专家对全国范围内的古建筑进行登记，并建立档案，同时还建立了对古建筑的评估系统，依此搭建对古建筑初步预防的系统平台。

（2）历史信息采集技术

在1990年意大利中央保护研究所（Istituto Central peril Restauro，ICR）对"文化

遗产的风险评估"项目[26]进行研究，通过 GIS（Geographic Information System）技术对洪水、地震等环境进行调查，收集数据进行分析。经过长期的数据对比，可实现建筑遗产的监测、建立精确可用的数据以及快速提取数据的方法，该方法有助于建筑遗产日常维护，提高预防损毁的保护意识，消除或降低引发残损的各种因素[27]，同时对未来的规划发展中提供参考依据。1994 年欧盟环境研发部门设立"古代砖结构损毁评估专家评估系统"项目研究，通过调研问卷以及现场踏勘、检测的方法，对意大利、比利时、德国等各地建筑遗产的损毁情况进行研究，对损毁原因、损毁过程进行试验研究分析，并将成果通过计算机完成专家诊断系统，此次研究虽然是针对砖结构，但研究方法开启了针对古建筑木构件的思路。

为了更深入地建立数字化档案，同时对建筑进行监测，需要对古建筑进行各种数据的获取，传统的方法通常采用的工具是直尺、标杆、钢尺和手持测距仪等常规测量仪器，判读和记录全靠肉眼[28]，同时这种勘测方法存在一定的不足，例如有些构件的尺寸不够完全准确，精度较低；记录残损和形变只能处于宏观的记录状态，达不到微观残损量和形变量；有些古建筑的现场环境达不到搭设脚手架的要求，手工测绘就相当困难；测绘结果依赖测绘者个人经验和临场判断[29-30]；手工测绘投入人力、物力、财力较多等。20 世纪末，激光测量技术有所发展，实现测量由一维测距向二维、三维方向拓展，此外，还通过拍照的方式进行局部记录，测量技术的不断进步有利于古建筑木构件的预防性保护，测量中获取建筑当下的尺度，以及标注出破损点能够使得古建筑早日得到保护及修缮。

（3）木构件无损检测技术

无损检测（Non-destructive Testing）是以对检测物体外观及使用性能上不造成破坏为前提[31-32]，通过波速、震动等原理对材料性能、水分测定、强度与弹性模量、木材缺陷等进行有效的检测[33-43]，对获得的数据或图形进行缺陷大小或材料性能的评估[44-49]。古建筑木构件中利用无损检测技术对构件残损或力学性能的预判，符合预防性保护最小干预又能达到预防的目的。

1950 年国际林业学者开始利用应力波对木材进行材性检测，之后研究人员发现，当木材发生缺陷时会影响木材的强度，可利用应力波的传播时间来预测木材的弹性模量。

1956 年 Lee I.D.G 使用应力波无损检测技术对英国一座 18 世纪的建筑屋顶进行检测，分别采集屋顶木构件的纵、横向应力波传播时间[50]，并依照实际检测物体的长度求得相应的波速，结合实验室对剩余力学强度的分析，得出木构件应力波波速与剩余强度之间的关系。与此同时，Lee I.D.G 被认为是最早将无损检测技术应用于古建筑木构件的研究者。

1970 年，Gerhards 分别通过应力波和超声波两种检测技术来对木材的弹性模量进行试验，发现两种检测技术均可对木材的弹性模量作出判断，且判断结果基本相同。

1970 年，石川陆郎等人利用 X 射线判断国宝级古建筑主要木构件的虫害状况和修复情况。日本的无损检测方法从 20 世纪 60 年代就已开始，主要源于日本木结构古建筑占文物总数的九成之多，建筑材料面临易腐、易糟朽，同时还需要在最小干预下检测，使得日本对木结构古建筑的残损检测研究不断深入。三浦定俊通过超声波对被水浸泡的古建筑木构件与干燥构件之间物理特性的区别等进行比较，并对浸水构件的病害状况进行判断。

1978 年，Hoyle R.J. 和 Perllerin R.F. [51] 对美国爱达荷州某学校体育馆的主要承重木构件使用应力波进行检测，检测结果说明通过波速能确定木构件的腐朽位置。

1982 年，Ross R.J 对美国西北太平洋的华盛顿州立大学校内足球场看台之间的相连接构件进行检测 [52]，该连接处的木构件树种为花旗松，检测技术使用应力波及钻孔探针法。通过检测发现连接构件应力波传播时间大于健康构件传播时间的 5 倍，说明木构件连接处内部存在残损，后经钻孔探针对相同检测点进行检测，发现木构件内部严重糟朽，证明应力波检测结果的可靠性，同时说明了应力波适用于古建筑木构件内部缺陷的检测。

20 世纪 80 年代 Neal D.W. [53-54] 等利用纵向应力波对木构件检测，Aggour M.S. [55] 等人对桥柱检测均发现应力波能够用于评价建筑木材。

此外阻抗仪是德国发明的一种检测木材内部材质的仪器设备，检测时将 1.5mm 的探针探入木材内部。目前不断将此技术应用到木构件检测中，成为欧洲、美国、日本等国木构件检测常用设备之一 [56-59]。德国 Frank Rinn 等通过阻抗仪对干燥的不同树种进行检测，发现阻抗仪可以判断木材中的裂缝、空洞等残损情况 [60]。Laurence R. 等对蓝桉和榆树使用阻抗仪进行检测，从检测结果中得出当木材内部存在腐朽时，阻抗仪易于操作，检测结果可靠性高 [61]。

2001 年，Ceraldi C. 等使用阻抗仪对古建筑木结构进行检测，树种为榉木。将采集的相对阻力值与榉木的密度、抗压强度进行分析，对榉木小试件阻抗仪与抗压强度的关系进行评价。

Fikret Isik 和 Paul M.Winistorfer[62-63] 以立木和纤维板作为研究对象，使用阻抗仪对其密度检测，发现使用微钻阻抗仪对密度的检测是可行的。

2005 年，匈牙利学者 Ferenc Divos 等分别使用应力波、阻力仪和热分析仪等无损检测设备对国内木构件进行检测、研究。检测结果发现，热照相分析仪对于木构件表面残损或腐朽的检测更为有效，应力波和阻抗仪能够用来检测木构件内部残损状况，同时适用于预测构件的抗弯强度。

除了使用应力波和阻抗仪以外，如超声波、X 射线、皮罗钉等技术不断应用在木材的材质检测中 [64-67]。

2006 年，土耳其人 A. Kandemir-Yucel 对一座清真寺进行无损检测，该建筑建于 13 世纪，是一座历史建筑。A. Kandemir-Yucel 采用红外热成像和超声波技术对木构件的残损情况进行评估，结果发现清真寺中木构件含水率较大，无损检测结果存在一定问题，同时也发现壁画受潮，究其原因是屋顶的排水问题导致。

2008 年大冈优等人对京都东部音羽山清水寺中使用过的榉木进行无损检测，使用电磁波雷达技术对清水寺木柱进行内部缺陷检测。发现当木柱遭到虫蛀破坏时，会影响柱子的物理特性，还提出当木柱内部的缺陷 $R \geqslant 10\mathrm{cm}$ 时，电磁波雷达技术能够快速检测出内部缺陷。

2009 年，Ferenc Divos 等人对位于匈牙利 Papa 的 Baroque 宫殿天花板等部位的木构件进行了无损检测，通过检测数据结果证明，应力波技术能预测单个木构件的抗弯强度。

1.2.2.2 国内预防性保护相关技术

（1）传统营造及装饰技艺

我国预防性保护的理念很早就反映在建筑的营造技术上。殷商时期就存在柱础，柱础可将柱子与地面分开，预防柱脚因潮湿而腐朽，起到防潮的功能。梁思成对古建筑结构形式进行了大量的调研 [68]，通过资料发现设立柱础可起到隔震作用，此外台基、铺作层也有抗震性能 [69-71]。雷公柱的设置，同样是预防性保护的表现，在明清建筑中亭阁、牌坊及殿堂均设有雷公柱，防止雷击。

我国古建筑木构件在建造时还流传口诀："枯加栓,墙筑半""台子要高,架子要低,进深要大,开间要窄"等，营造技法中反映出我国对古建筑木结构的抗震预防技术。

木构件易发生白蚁、天牛等动物或微生物对其的破坏 [72]，在材料上选择防蚊虫或白蚁的樟木、楠木、榆木、硬木松等树种，用来预防木构件的残损。

在装饰上我国也对预防性保护技术有所考究。据《青箱杂记》中记载：

"海为鱼，虬尾似鸱，用以喷浪则降雨。"①

---

① （北宋）吴楚原 . 青箱杂记 [M].

图1-3 古建筑预防性装饰技艺

同时《营造法式》中对鸱尾的记载：

"汉记柏梁台灾后，越巫言海中有鱼，虬尾似鸱，激浪即降雨，逐作其象于屋，以厌火祥。"①

其意思均表达出有一种鱼，虬尾像鸱鸟，能够喷浪降雨，将其放置于屋顶之上可预防火灾的发生[73]。同时屋脊上还设有仙人走兽，其中走兽有龙、狎鱼、海马等传说中的"海中神兽"。古建筑中木构件属易燃材料，屋面装有鸱吻和走兽，表达了当时人们对木构件预防性的保护（图1-3）。在安装时也注重营造仪式，需要有隆重的仪式，如占卜、动土、上梁等，均有特定的程序，清工部的《工程做法则例》中"遣官一人，祭吻于琉璃窑；并遣官四人，于正阳门、大清门、午门、太和门祭告；文官四品以上，武官三品以上及科道官排班迎吻；各坛庙等工迎吻"。这些附有愿望、祈祷的预防加大了提示和宣传的作用。

（2）历史信息采集

古建筑历史信息的采集，对日后的预防性保护存在重大意义，它不仅利于建筑文化的传承，同时对古建筑自身的修缮和保护起到参考和指导作用。

我国早期传统记录古建筑内部大木结构的方法，是用手绘和利用竹竿进行量测和记录。到后期测量工具才逐渐有皮卷尺、钢卷尺等。测量的辅助工具有：梯子、指北针、垂球等其他工具。古建筑的修缮多数为工匠，学识有限，更甚有些工匠都不识字，修缮或记录古建筑的历史信息及事迹，大多为口口相传[74]。清代皇家施工档案，"样式雷"建筑图档，对"平格"的运用，体现了传统测绘技术的精髓。在新中国成立初期对古建筑的历史信息采集多为现场踏勘以及深入基层调研，通过对老艺人、老工匠的座谈或口述方式记录信息，同时通过拍照、使用模具等辅助工具进行历史信息采集。

1925年，中国营造学社的成立，开始了对中国古建筑的整理和研究。但是一般古建筑的大木结构比较复杂，使用传统方法获得大木结构的实体曲面模型是一件相当困难和耗时的工作。同时这种勘测方法存在明显的不足，例如有些构件的尺寸不够完全准确，或测量环境受限无法完成，将其他构件的平均值定义为统一尺寸，造成木构件尺寸信息采集的精度较低[75]；记录残损和形变只能处于宏观的记录，达不到微观残损

———————————

① （宋）李诚.营造法式 [M.]

量和形变量；有些古建筑的现场环境达不到搭设脚手架的要求，手工测绘相当困难，同时存在投入人力、物力、财力较多等缺点。此外，对于残损，采用照片和文字描述的方式加以记录，但图、表、文字等方法不仅数据量大，而且不易反映古建筑的真实效果，比较抽象。如照片、影片等，虽然形象直观，在一定程度上提高了展示效果，但无法得到精确的物理数据和结构关系，很难进行精确保护和科学研究，也不利于重建、仿建及复原工作的开展，越来越不能满足现代信息社会的发展需求。随着现代信息技术的不断发展，新技术新手段不断出现，基于二维工程视图的三维重建，自 20世纪 70 年代起步，发展至今已有 30 多年的历史，在此期间，研究者进行了大量卓有成效的研究工作，发展出了许多三维形体识别和重建算法 [76]。

2006 年，天津大学使用 Trimblegx 三维激光扫描仪对山西应县木塔、北京颐和园、辽宁义县奉国寺大殿等古建筑群进行扫描，并通过点云对建筑物进行测量 [77]。在基础信息采集技术上，由早期手工量取转化为利用先进的现代化测量设备，采用新技术，方便快捷的高精度、高密度方式并且是无接触形式获得研究对象的三维点云数据，不仅记录了留存古建筑的真实历史信息，同时将此技术发展应用领域深入到工程测量、变形监测等测绘领域的各个分支中，构建数据库，丰富历史资料，创建共享平台，便于历史建筑系统管理，同时为古建筑的监测保护和修复提供详实依据。

2010 年，北京工业大学历史建筑保护工程技术研究中心，通过对 Trimble 激光三维扫描仪、Leica 激光三维扫描仪、Rigel 激光三维扫描仪、Creaform 激光三维扫描仪、Artec 光栅三维扫描仪等进行研究，经过大量的试验和现场实地测绘、扫描，例如利用故宫博物院、雍和宫、天坛、潭柘寺等地的古建筑，对历史信息采集位置、采集角度、采集站点等逐渐成熟化，提高扫描精度，同时对软件再开发，逐渐减少人工对点云数据拼接的干预。提高了采集及数据处理的速度和精度，完善了对历史建筑信息的记录以及数字化存储。

（3）木构件无损检测技术

清乾隆年间，朝廷重臣毕浣对帝王陵园建筑定期查看，一经发现残破马上让当地人员进行维护，同时对具有历史价值的古陵园以及重要古建筑设专职人员管理，制定保管制度，预防陵园遭到破坏，这种定期检查和制定保护措施的行为是早期无损检测的一种。

明清时期，紫禁城作为官式建筑，其营造等级最高，为今后古建筑的保护提供了参考。于倬云编著的《紫禁城宫殿》一书中，引"紫禁城宫殿建筑大事年表" [78]，可得知当时故宫各类建筑修缮或维护的周期及内容。其记录了故宫为预防建筑有损，定期检查房屋状况，注重日常维护。在《钦定大清会典·内务府》中记载：

"宫殿园囿春季疏濬溝渠，夏月搭蓋凉棚，秋冬禁城墙垣艾草棘，冬季掃除積雪，均移咨工部及各該處隨時舉行。"①

此外在《大清会典·内务府》第94卷中规定："宫殿内岁修工程，均限保固三年"。从以上记载中可知我国宫殿官式建筑中存在保养性的"岁修"，这种习俗一直延续至今，主要保护技术为：在不同的季节，通过视觉查看进行搭盖凉棚、除草或除积雪等保护内容，充分体现了我国定期维护的无损预防性保护方法，避免建筑在损毁后的落架大修。我国的地方性民居，特别是南方多雨地区，每年梅雨或南风天前均有走街串巷的修补匠，为居民提供视觉查看及修补的服务，这种行为也同预防性保护的理念相吻合。

近年我国多采用定性的目视鉴别、手触按压及简单敲击的方法对古建筑木构件内部残损进行判别，判别时对鉴定者的经验要求较高，需要对木构件树种有所识别、材性有所了解，同时通过声音能够辨别木构件内部残损的大致位置及面积[79]。这种方法的优点在于在对古建筑的外观及使用功能不破坏的前提下可进行无损检测。

我国采用先进的无损检测技术研究相对较晚，同国外相同，我国将新的无损检测技术应用至古建筑木构件中也历经从木材至木构件的过程，先由林业专业对活树、木材等方面进行研究[80-81]，现代无损检测技术方面有皮罗钉、应力波、阻抗仪、超声波等[82-84]。将先进的无损检测技术应用到古建筑内、外部安全检测及古建筑保护研究是近年刚开始，无损检测技术优点主要表现在由定性向定量发展、对健康度进行评价[85]。

在不破坏古建筑原有结构的前提下，利用应力波对木构件的残损和残余弹性模量的评价，逐渐成为广泛的焦点[86-91]。经过研究发现，传播速度对动弹性模量进行检测被证明是可行的[92]，2005年，段新芳等通过应力波测定仪对塔尔寺大金瓦殿的梁、檩、椽子等木构件进行动弹性模量检测，研究结果发现，应力波适用于对残损的木构件进行力学强度的检测，同时还指出，古建筑木构件的弹性模量折损率同构件在建筑中的承重具有相关性[93]。

2006年，王晓欢选取故宫武英殿修缮时，替换下的旧木构件进行材性的无损检测，对落叶松、软木松、云杉、杉木和硬木松五种试件的试验，通过应力波和阻抗仪对试件进行检测，阻抗仪属微损检测[94-95]，利用FFT分析仪对动弹和静弹分析，研究结果表明，FFT分析仪的检测结果与静态弯曲弹性模量及抗弯强度有显著的线性关系，能够代替机械对抗弯弹性模量的检测[96]。

---

① （清）钦定大清会典·内务府：卷九十一 [M].

2008 年，尚大军通过对健康材、CCA 防腐的处理材及西藏布达拉宫和罗布林卡等古建筑修缮中更换下来的木构件进行无损检测试验，对比应力波、超声波及皮螺钉三种无损检测技术，研究结果表明，木材的材质状况可通过应力波的传播速度进行评价；超声波和应力波获取的数据更方便得到木材的弹性模量；相比之下，皮螺钉操作简单，便于现场实施，但应力波能够更准确地反映木构件内部信息 [97-98]。

2010 年，王天龙利用三维应力波法对浙江宁波市保国寺大殿的木柱进行勘查及检测，发现三维应力波技术可判断被检测木构件不同高度的内部缺陷状况，同时还可以评价木构件剩余弹性模量 [99]。

2011 年，北京市古代建筑研究所的张涛等总结古建筑木构件在勘察中常用的无损检测技术 [100]，以及各技术的使用方法及优缺点，提出在现场进行无损检测时应充分结合木构件的特点，分类检测并选择便携式的设备，搭建古建筑木结构无损评估体系能够更充分地对古建筑起到预防性保护。

应力波检测技术在古建筑中的主要应用设备有 Arbotom 应力波和 Fakopp 应力波检测仪 [101-103]。2014 年，戴俭等对北京潭柘寺进行无损检测，对现场古建筑木构件的选址、残损原因、残损类别进行分析，在不破坏古建筑原真性的前提下，将应力波和阻抗仪配合使用 [104]，同时对古建筑的修缮提出建议，为木构件的预防性保护提出新的途径。

2014 年，吴美萍在《中国建筑遗产的预防性保护研究》中对 X 射线摄影、红外线检测、Pilodyn 检测仪等材料残损情况勘查技术的原理、功能作出说明，提出各无损检测方法的适用范围，还通过国外日本法隆寺、Saint Jacob 教堂，国内保国寺、苏州园林、敦煌莫高窟等案例，在实践中详细介绍了预防性保护的试件案例。

2015 年，李鑫介绍了无损检测的原理，并通过逆向试验对非金属超声波、回弹仪、应力波、阻力仪、探地雷达等无损检测技术进行研究 [105-106]，结果发现应力波和阻力仪检测结果误差性小，可视性强，能够尽可能地获取古建筑木构件内部缺陷的信息，对实施预防性保护提供了数据支持。

1.2.3 预防性保护技术应用现状

古建筑木构件预防性保护在国内实际工程中的应用，目前主要是依靠传统检测方法实施，以浙江金华民居建筑为例。

金华民居建筑地方特征突出，多以徽派建筑风格为主。建筑材料以砖、木、石为原料，构架以木材为主。在斗栱及梁上喜雕刻，雕刻题材彰显了地方特色，多以寓意吉祥内容为主，例如花草虫鱼、仙鹤、葡萄等，表示长寿、多子多福的意思，其中民居、祠堂和牌坊最为典型，具有很高的历史文化保护价值。

金华民居使用年限长久，加之多雨水侵蚀等原因，木构件存在局部残损，预防性保护以其中一间民居的厅堂为例，柱网布置如图1-4所示。

通过木构件的颜色及修缮痕迹，可判断该厅堂屋顶的檩条、梁等被更换过（图1-5）。

通过目视查看主要木构件的缺损状况，记录构件表面残损位置后，再通过敲击、使用传统直尺测量和激光测距仪等传统无损检测方法对木构件内部残损及歪闪作出判断（图1-6）。

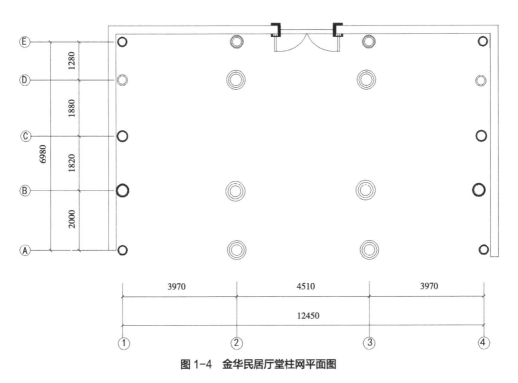

图1-4 金华民居厅堂柱网平面图

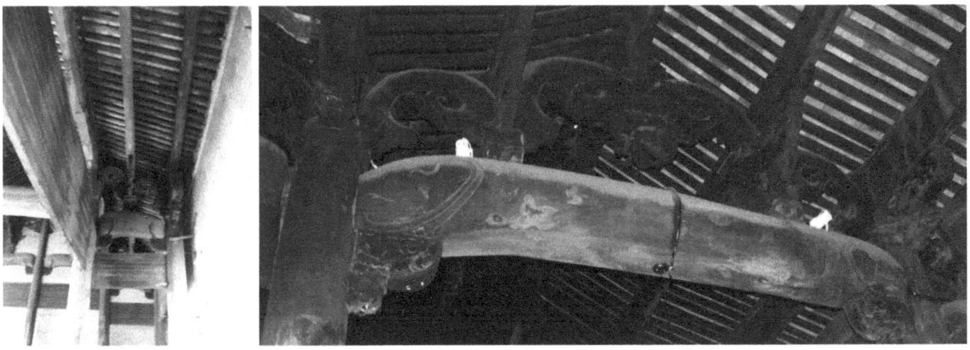

（a） （b）

图1-5 木构件修缮痕迹
（a）檩条更换；（b）梁更换

图1-6 传统检测设备

检测结果见表1-1：

传统无损检测结果 表1-1

构件类型	构件编号	描述	评定
角柱 檐柱 金柱	A1	距柱底10cm：周长106cm，检测截面总面积为894.13cm²，敲击发现柱东上角存在空洞	柱子自根部145cm以下构件均存在空洞，且空洞均较大
		距柱底145cm：检测截面总面积为894.13cm²，敲击发现柱中及西侧存在内部较大空洞	
	A3	距柱底10cm：周长123cm，检测截面总面积为1203.93cm²，敲击发现柱南侧偏西存在空洞	柱子自根部90cm以下木材存在空洞，且距根部90cm处较为严重
		距柱底90cm：检测截面总面积为123cm²，听声辨别内部缺陷约为一半	
	B2	距柱底145cm：周长117cm，检测截面总面积为1089.34cm²，柱西南存在表面小缺陷	构件外部少量裂缝，内部状况良好
	B3	距柱底10cm：周长142cm，检测截面总面积为1604.6cm²，距底10cm柱西南及东南方存在内部缺陷	柱子自根部60cm以下构件存在内部材质疏松
		距柱底60cm：检测截面总面积为659.27cm²，距底60cm西偏南存在内部缺陷	
	D2	距柱底101cm：周长135cm，检测截面总面积为1450.3cm²，柱西南部存在空洞，柱东北存在疏松	柱子自根部101cm以下构件存在空洞及表面疏松
	D3	柱底10cm：周长135cm，检测截面总面积为1450.3cm²，柱中偏东较大的内部空洞	柱子自根部50cm以下构件存在空洞，空洞面积均达检测截面的40%以上
		柱底50cm：敲击发现柱中部偏西北空洞	

构件类型	构件编号	描述	评定
角柱 檐柱 金柱	E2	距底 25cm: 周长 119cm，检测截面总面积为 1126.9cm²，柱体西、东方向存在内部空洞的缺陷	柱子自根部 100mm 以下构件空洞 / 疏松
		距柱底 50cm: 检测截面总面积为 1071.18cm²，柱体中偏西南存在内部空洞	
		距柱底 100cm: 检测截面总面积为 1108.62cm²，柱西南、东南存在疏松	
	E3	距柱底 30cm: 周长 105cm，检测截面总面积为 877.34cm²，距底 30cm 南处存在空洞	柱子自根部 150cm 以下构件存在空洞，但距柱 150cm 存在空洞逐渐减小
		距柱底 150cm: 检测截面总面积为 588.49cm²，距底 150cm 西、北存在空洞	
	E4	距柱底 30cm: 周长 107cm，检测截面总面积为 911.08cm²，柱中部偏北存在内部空洞	柱子自根部 100cm 以下构件空洞及疏松，以距柱底 30cm 较为严重
		距柱底 100cm: 检测截面总面积为 642.1cm²，柱东南存在内部疏松	
大梁	B2–D2 梁跨中	B2–D2 梁跨中: 周长 182cm，梁中下内部存在空洞	梁跨中内部均存在较为严重的空洞，梁表面有修补痕迹
	B3–D3 梁跨中	B3–D3 梁跨中: 周长 184cm，检测截面总面积为 2694.17cm²，梁右上至左下内部存在空洞	梁跨中内部均存在较为严重的空洞，梁表面有修补痕迹
椽		部分椽头存在糟朽	

针对检测结果分析发现，木构件柱体均存在不同程度的残损，受检测设备、检测条件等因素限制，除视觉直接观察到木构件表面的裂缝、空洞外，有很多检测项目无法进行定量检测和鉴定，甚至有一部分构件完全无法进行观测[107-108]，在预防性保护中给予的指导意见均为表面测量及经验评估。

通过以上国内外在预防性保护相关规制、预防性保护的相关技术及应用现状的分析发现，西方古建筑预防性保护研究主体主要为石材，而我国古建筑以木结构为主，故在保护技术上不能教条主义、拿来主义，应针对我国古建筑特性寻求适宜我国木构件残损及材性检测的适宜性技术。

预防性保护是针对古建筑的预防性保护，特别是在技术领域研究作为一个前沿性问题刚进入起步阶段。我国目前在预防性保护规制上，主要是针对文物和保护区规划，对古建筑木构件具有直接指导的有《古建筑木结构维护与加固技术规范》，但规范颁布至今已有 25 年，对木构件保护的新技术无法在规范中查找相关依据，同时规范中对古建筑木构件残损的界定缺少量化指标，数据获取缺乏规范性指导等。

通过阅读文献，对比国内外有关（古建筑）预防性保护技术可知欧洲在对古建筑木结构预防性保护技术上较早涉及，但研究的主要内容更多趋向文物和馆藏品，同时与中国传统的古建筑木结构形式、材料都有较大的区别，缺乏木构件的专项研究。而日本对古建筑木结构预防性保护技术较多使用无损检测，从检测设备、检测方法等进行研究，缺乏对木构件材质、构件特性、检测精度等领域的研究。

在预防性保护技术上，我国古建筑数量较多，大多采取传统的目视鉴别及敲击，多数以修缮、维护为主，同时存在地方性自主保护和工匠的经验之谈。目前对木构件内部缺陷、材性检测的深度研究较少，同时对检测方法适用性和可靠性缺少明确的划定，至今无专职管理机构，实践操作中的相对独立地位模糊，随意性强，规范性差。由于没有系统的记录级别标准与深度要求作为指导，目前各单位往往根据自己的检测目的、工作条件、依经验确定记录的深度和精度。无损检测中因检测方法、部位等不同，对残损的判断各抒己见，从而影响了数据的准确性。

面对新的设备、技术，预防性保护的适宜性、关键性技术如何从中抉择，如何使用综合性技术对古建筑木构件进行健康状况、安全性评价。本书从预防性保护技术层面上，对木构件内部缺陷及材性上进行无损检测研究，对古建筑木结构进行有效风险防范，以及完善预防性保护方法及流程，不仅丰富了古建筑木结构领域的研究，同时也具有一定的现实意义。

1.2.4 相关概念诠释

目前在古建筑保护研究领域，对词汇概念的诠释主要依靠国家颁布的相关法规或行业标准里规定的术语，研究或实际项目操作中依旧会面临术语与惯用语之间概念模糊的局面。因此为避免对研究对象范围的不确定，有必要对研究对象相关概念的诠释，这样能更明确研究对象及范围。

古建筑，常与"古代建筑""传统建筑""文物建筑"或"遗产建筑"相互称谓，其共同特点表现在年代久远，是具有一定价值的建筑物。但又相互存在差异，以"遗产建筑"为例，"遗产建筑"指具有一定历史、考古、艺术、科学、社会或艺术价值的建筑（构筑）物及其组群和与之较为密切的附属设施。由此可知，遗产建筑涉及面比古建筑领域要广。

我国古建筑的定义，主要参考2007年修订的《中华人民共和国文物保护法》，第2章提出古建筑、古遗址、近现代建筑等不可移动文物，可根据历史、艺术和科学价值来确定文物保护单位等级，但未对"古建筑"提出明确的判定标准，同时也对古建筑保护范围、保护对象造成了困扰。

"古建筑"在书面词汇中的解释及范围为：具有历史意义的，且在时代划定区间为新中国成立之前或包括民国，建筑类型主要分民用建筑和公共建筑；在国家及行业标准里对古建筑的术语定位为：历代留传下来的对研究社会政治、经济、文化发展有价值的建筑物（《古建筑防工业振动技术规范》GB/T 50452—2008）[109]。

木构件：古建筑中木构件与古建筑木结构有时经常混淆。木结构是通过木材或木材为主要承受荷载的结构，通过连接构件或榫卯方式进行固定。木构件指梁、柱等具体古建筑构件。

预防性保护："保护"在术语和概念体系中是基本概念的表述。词语出自《书·毕命》的"分居里，成周郊'孔传'：分别民之居里，异其善恶；成定东周郊境，使有保护"，表示保护对其照顾，使其不受到权益的伤害。"预防性保护"是近年才出现的国内文化遗产保护界的概念，预防性保护没有确定的词汇诠释，对比之下更具有前瞻性，灾前或破坏前的重点防护，强调最小干预的维护保养、治小病防大病，以避免大动干戈地修缮[110]。

第2章 古建筑木构件材料及其耐久性

古建筑木构件的承重构件主要为木材，木材属生物材料，源于自然却高于自然，是中华文明历史遗产的重要组成部分[111]，也是历史发展的见证。主要承重构件所用材料有别于欧洲的砖石体系，也不同于现代的钢筋混凝土建筑。

木构件可塑性强，易于加工，能够灵活地展现不同风格的建筑，大到宫殿小至民居亭台，拥有天然的肌理和纹理，凝聚了历朝历代工匠的智慧，使得我国古建筑具有艺术、历史等价值[112]。中国古建筑中蕴含宝贵的传统文化，历经风雪依旧屹立不倒，是因为拥有高超技艺和优美造型以及良好的材料应用。从建成起，古建筑就不间断地受物理、化学、生物和微生物等影响，使得古建筑木构件材料性能发生变化，现实中常出现现存的木构件受周围环境影响，易干缩或湿胀，发生干缩或曲翘，同时长期伺服或内外部残损导致建筑出现歪闪或变形，构件节点破坏等问题，严重影响建筑外观风貌，抗震性能及建筑的使用寿命同样受到危害，严重时建筑倒塌还会对人民的健康及财产安全带来威胁[113]。此外人为的破坏（涂抹、改扩建、拆除等）或自然灾害（地震、洪水、台风等）的破坏往往造成成片损伤[114-121]。

在此基础上展开古建筑预防性保护，需要对古建筑木构件材料进行研究，同时，也需对古建筑木构件残损特征进行研究，这样能够有针对性地对古建筑实施预防性保护。

2.1 木构件的体系特点

2.1.1 木构件的历史沿承

古建筑木构件自形成以来，历经形成、发展、成熟、演变的过程。不同时期受材料、礼治思想、营造技术等方面的影响，形成了具有时代风格的特点。木构件的古建筑其承重构件基本均为木材，在地面树立木柱，柱上方架设梁枋，梁枋上方布设屋顶，上方的铺作层及瓦面的承重由梁枋传至木柱，再由木柱传向地面。木柱间的墙体主要起到分隔空间的作用，几乎不承受建筑的重量，古建筑"墙倒屋不塌"强有力地证明木构件的功能及特点。

据历史记载，我国古建筑木构件早期出现在新石器时代，因为南北方气候存在显著差异，南方地区气候潮湿，北方天气干燥，由此产生南北方不同的建筑风格。在半坡遗址中发现木骨泥墙，河姆渡遗址中发现榫卯相互的干阑式结构。我国发现最早应用木材建筑的遗址位于浙江余姚河姆渡，通过对遗址的研究发现有梁、柱、枋等构件外，还存在榫卯节点，说明在几千年前，我国对木材这种建筑材料的应用就已经有一定的水平了。

木构件发展的高潮是两汉时期，建筑出现抬梁式和穿斗式。其中斗栱也在此时广泛应用。斗栱的发展及应用是我国传统木构件建筑形制的重要演变标志，也是作为古建筑断代的重要参考物 [122-125]。

唐宋时期，木材使用技艺逐渐成熟，古建筑屋面形式由平直型变为弯曲型，举架平缓，斗栱较大，斗栱都位于柱头。我国现存最早的木结构建筑的实物仅有唐代的五台山南禅寺和佛光寺部分建筑。其建筑特点是，单体建筑的屋顶坡度平缓，出檐深远，斗栱比例较大，柱子较粗壮，多用板门和直棂窗，风格庄重朴实。宋代建筑规模一般比唐代要小，宋代建筑屋顶坡度增大，出檐不如唐代深远，建筑风格较为柔和 [126]。

明清时期是中国传统建筑最后一个高峰，建筑相对比唐宋时代缺少创造力，逐渐程式化和装饰化。建筑特征主要体现出形体简练，斗栱尺寸逐渐变小，平身科斗栱基本不再受力，出檐深度减小。在清工部《工程做法则例》中可知柱比例细长，升起、侧脚、卷杀不再采用，梁枋比例沉重，建筑形式精炼化，符号性增强。

古建筑木构件存在较多种类，本书主要探讨古建筑的主要承重构件——木柱和梁，故对于木构件功能分析方面做详细介绍，其他构件不逐一详细介绍。

（1）木柱：古人对柱的解释有"孤立独处能胜任上重也"，可见柱体是古建筑中垂直方向的主要木构件，柱高等分为三，上段收杀，中下二段平直。柱网承载古建筑上方梁架结构及其他部分的重量，属大木作范围，是古建筑大木结构的重要承重构件之一。木柱位置不同功能不同，可分为檐柱、金柱、中柱和山柱。以主要支撑屋面出檐的柱子称为檐柱；建筑物内支撑屋顶梁架并位于檐柱内侧的木柱称为金柱；木柱上部顶着屋脊且位置位于建筑物中线上的柱子为中柱；在山墙中部，上部顶着屋脊的为山柱。

受地面及雨水浇溅等因素影响，木柱易发生残损[127]，为防水、防潮，在木柱与地面衔接之处设石质柱础，依据年代、当地建筑特性等因素的影响，柱础有高低之差。木柱柱础可分为方形、圆形、多边形等形式[128]（图2-1）。

（a）　　　　　　　　　　　　　　　　　（b）

图2-1　山西长治观音堂柱础
（a）观音堂戏台上方柱础；（b）观音堂戏台下方柱础

（2）横梁：在古建筑中有架梁、抱头梁、随梁枋和穿插枋等形式。架梁横架于前后金柱之间，在功能上承托瓜柱和檩木，宋代称为椽栿，清代称为架梁。实际建筑中，具体称谓由支撑在它上面檩的根数而得名，例如位于屋顶最上面的横梁上部支撑三根檩木，称其为"三架梁"，同理"三架梁"下端的横梁之上存在五根檩木，称其为"五架梁"，由此可推之。在宋代屋架最上端的梁并非直接与金檩构成支撑关系，梁支撑的为蜀柱，该梁称作平梁。

抱头梁是横架于檐柱和金柱之间的构件名称，其主要功能为承接延檩的构件，梁头上剔凿有檩椀槽口，形状像将上部的檩抱住，故该梁名为"抱头梁"，宋代称这种为"乳栿"。穿插枋同随梁一样，主要功能是将建筑的檐柱与金柱相连，成为整体的横向连接构件。

为解决山墙桁檩搭接的问题，梁下有柱子承接，并置于桁檩下的梁为顺梁，而梁下无柱承接，梁一端扣于桁檩，一端搭在正身梁架上，与顺梁位置相反。

梁构件下方有支撑，以横向力和剪切力为主，变形主要为弯曲，属受弯构件。通过对古建筑纵、横方向的主要木构件——梁、柱进行各功能分析，其中当梁、柱构件处在不同的部位，其功能存在差异性，但梁、柱构件无疑是整体古建筑的重要构件，起到支撑上部以及相互连接各构件的基本功能，在建筑中起到重要作用，同时也是预防性保护的重点部位。

2.1.2　木构件材料特征

木材是天然生物材料，在五行中只有"木"有生命，是一种可再生资源[129]，具有其独特的物理特性。木材由树皮、边材、心材及髓心组成[130]。树皮是由内、外皮及软组织构成，主要起到保护树木的作用；边材位于树皮内侧，生长于木质部的外围活层，心材外的木材，不包括树皮在内。边材主要将水及矿物质输送至树冠上，一般硬木边材和新材较容易区分，色彩较浅，因树种不同，边材与心材的比例也不相同，材质比较软，主要用于制作木构件中边材檩、枋、斗栱和屋顶的角材等；心材比边材颜色重，因为心材比边材生长时间久，逐渐失去疏导作用，其内部的活细胞丧失生活机能，死细胞的细胞壁有着各种色素（例如桑色素、硅酸等），且心材密实，含水率相对边材少，故颜色明显深与边材。因心材材质紧密，硬度较高，木构件中的柱一般选用心材制作；髓心位置在树干的中心，是木材第一年生成的部分，质地脆弱疏松，强度相对较低，容易腐烂及虫蛀，该处木材主要用于做木构件的装饰部分。

2.1.2.1　木材物理特征

木材主要是细胞组成[131]，对现场获取的试样经微观检测会发现细胞断面为孔眼组成；对试样进行三切面后径向和弦向表现为中空管状。不同树种其内部细胞的排列组合不同，木材的物理性能受木纤维比例的影响，纵向、径向和弦向分别表现出不同的物理力学性质[132-134]。木材具有较高的弹性，同时还存在高强度和耐久性，当然也存在显著的缺点，例如发生腐朽、真菌、脆性断裂或开裂等，同时木材还属于易燃物[135]。木材中的含水率随时间或温度会发生变化，继而引起材料质量及结构强度变化。

（1）木材密度

木材因其树种不同，密度存在一定的差异，密度能够反映木材性能，评估木材质量[136]，木材密度一般均为 $1.48\sim1.56\text{g/cm}^3$，密度大小主要由木材的孔隙率、含水率等因素影响。密度越大，表明重量越高，这里的重量指木材完全干透的重量。古建筑木材干透后含水率在 10%~14%，取中间值 12% 作为木材气干的标准，表示木材的含水率为 12% 时，1m^3 木材的重量为 Ng。假设木材重量 $N=1\text{g}$，与水的比重相同，木材基本沉于水中。当 $N<1\text{g}$ 时，木材会浮于水中。当 $N>1\text{g}$ 时，木材会快速降于水中。木材密度大，强度高，在古建筑中不易残损、抗震性能好。

（2）木材含水率

木材和木构件均含有一定数量的水分，所含水分的重量与绝干后木材重量的百分比定义为木材含水率，见计算公式：

$$W=（G_1-G_2）/G_2×100\%$$

式中　W——木材绝对含水率；

　　　G_1——含水分木材初始重量；

　　　G_2——绝干后木材重量。

木材含水率发生变化时，很容易发生干缩湿胀现象[137]，在使用中易造成开裂、变形、发霉等残损现象。

木材在一定空气状态下，可以达到稳定的含水率状态，称为木材的平衡含水率。平衡含水率受季节影响，我国主要城市木材的平衡含水率均值见表2-1。

主要城市木材的平衡含水率均值　　　　　　表2-1

南北方	城市名称	平衡含水率/%	南北方	城市名称	平衡含水率/%
北方	北京	11.4	南方	长沙	16.5
北方	石家庄	11.8	南方	南宁	15.4
北方	哈尔滨	13.6	南方	福州	15.6
北方	济南	11.7	南方	海口	17.3

由表2-1的值可知，我国南北方主要城市木材的平衡含水率均值均大于10%，且南北方受气候和环境的影响存在显著差异，南方平衡含水率均值比北方均值大。

木构件的含水率受古建筑所在区域温度、湿度和季节的影响。当外部环境较为湿润或长期下雨时，木构件自身干燥，从环境中吸取水分。当外部环境干燥时，木构件中的水分会适当挥发。旧木构件历经多年在自然环境的影响下平衡含水率约为15%~25%，古建筑室内木构件的平衡含水率约为8%~15%，木结构古建筑冬暖夏凉适宜居住的特点是我国千年以来延续的原因之一。

（3）木材收缩及鼓胀

木材内部含水率降至纤维饱和点之下，水分逐渐流失，细胞壁缩小，导致木材外形尺寸缩小。反之，当超出纤维饱和点，木材的细胞壁变大，外形尺寸鼓胀变大。古建筑木构件特别是暴露于室外的构件，受外部环境影响大，木构件水分流失易产生变形、开裂等现象，在构件交接处的干缩会导致节点松动，受压后发生残损。因此在古建筑梁和柱木构件的截面需有安全阀值。

（4）木材变形

当古建筑木构件建造完之后，木材的应力保持不变，应变根据时间的长短而增大。在现场调研中发现，古建筑木构件梁或枋长期受压下变形严重，挠度较大。在修缮保护方案中，对梁枋构件反面适当施加压力，构件可逐渐恢复。

2.1.2.2　木材力学特征

木材在外力作用下，变形和破坏方面展示了力学性质。木材的力学性质主要有抗压强度、抗弯强度、弹性、塑性等方面。木材不同于钢材、混凝土或石材。生物材料的异向性导致构件力学特性中同样存在异向性。

（1）抗压强度

木材在受到外界压力时，抵抗压缩变形的破坏力称为抗压强度，单位为 Pa。力学性能的指标里分为两个方向抗压，即顺纹与横纹抗压。

木材顺纹表示方向与木材纤维方向平行，也是树干由根茎向上生长的方向。

木材横纹表示与木材纹理方向垂直，截面相切于年轮的方向为弦向，顺纹抗压的压力方向与木材纤维方向一致，横纹抗压指压力方向与木材纹理方向一致。

顺纹抗压强度大于横纹抗压强度，一般情况下横纹的抗压强度仅有顺纹的 10%~20%。有研究通过标准件进行试验发现，在试件破坏形式中，顺纹受力，木材纤维发生褶皱或出现屈曲，虽有明显的塑性变形，但没有出现脆性的破坏。而横纹受力后的应力—应变出现三段式特征，即迅速弹性变形、延缓弹性变形和加速断裂。古建筑木构件中，顺纹抗压主要表现在柱部、柱端荷载梁及屋顶等构件的重量上。

（2）抗拉强度

木材的抗拉强度表示最大均匀塑性变形的抗力，主要指以均匀速度对试件施加一定的拉力，直到试件破坏，求得试件的抗拉强度，单位为 MPa。在木材力学性能的各项指标中，顺纹抗拉强度最高，木材的单纤维抗拉强度可达 80~200MPa。试验发现抗拉强度是抗压强度的 2 倍以上。

（3）抗弯强度

抗弯强度也称为挠曲强度，主要考察木材抵抗弯曲不断裂的能力。古建筑木构件所用木材树种不同，纹路肌理各异，截面内部应力分布不均匀。受压部位首先发生残损，随着木纤维的断裂最终导致受拉区的破坏，继而整体木构件丧失承载力。实际应用中，古建筑木构件梁两端部分长期受到的建筑上部荷载，造成对梁抗弯的安全阀值考核。

不同树种，木材力学的抗压、抗拉和抗弯性质不同。即便是同一树种不同的部位，力学性质也有所不同。在古建筑木构件中出现树节、开裂或腐朽等都会对力学性质造成影响。同时木材的取材，适用于做古建筑什么构件以及怎么锯材，均有一定的考究和科学依据，只有了解木构件的力学特性，才能对古建筑木构件的预防性保护有更深入的了解。

2.1.3　木构件材料及树种选择

2.1.3.1　材料选择因素

（1）价值观念

我国文化特征是古老及延续性的发展，我国建筑显然也具有同样的特点，古建筑古老且具有坚强的生命力，其中与建筑材料的选择密不可分。在古代非常重视风水、山脉及"龙脉"，石为骨草木为发。"木"在五行之中具有生命，古人认为活着住在有生命的建筑里寓意更好，而墓葬则选择石器建造。

（2）地域特性

在刘致平所著的《中国建筑类型及结构》中曾提出：我国最早的发祥地——中原等黄土地区，多木材而少石材[138]。虽石材建筑保存时间相对久远，但石材材质坚硬，材料需要勘探、挖材、加工和运输，需要大量的人力和物力以及财力支持，同时还需要社会协助。面临石材较大、开采困难、不便大跨度的建筑封顶等问题，在建筑材料的选择中出现以木材作为古建筑的主要材料之一，相比石材，木构件更易设计、塑形，材料低廉，建筑营造过程中采用建筑模数制，减少了施工时间，同时适于所有阶层的人民。建筑材料还可就地取材，对建筑的环境适应力强，不易损伤，同时木材在取材时方便运输。《诗经》中记载"伐木丁丁"和"伐木浒浒"是春秋战国时代人们采伐木材场面的描述。《左传》云：山有木，工则度之。说明我国古人在砍伐木材之时已开始有木材选材及丈量的思考。

此外对木材采伐的季节，在《礼记·月令》有记载：孟春之月禁止伐木……仲冬之月，日短至，则伐木取竹箭。《淮南子》亦载：草木未落，斧斤不入山林。意思指冬季伐木可以减少虫蚁的腐蛀，易于砍伐和运输，此外冬天不是耕种季节，人们可备料建房。上述均为古代在木材砍伐时的实践经验及地域性特征。

（3）力学优点

木材强度大，质量轻，有弹性，同时抗冲击和振动好，材性的优点是力学性能最大限度发挥的保障条件，同时也与古建筑的寿命息息相关。我国古建筑由梁、柱等木

图2-2　天津市蓟县独乐寺观音阁

构件建造而成，榫卯节点具柔性的特点（图2-2）。木构架在消减地震力的破坏方面具备很大的潜力，例如整体木构架由柱承重，墙体并不承重，震害来临"墙倒屋不塌"。此外古建筑中斗栱的应用，有效地将屋面以及上层构架传下的荷载通过斗栱传给柱子，由柱子传到基础，充分起到传递上下构件荷载的作用。当遇到震害，节点间不是刚性，木材的搭接确保了建筑物的协调，有效消耗了地震传来的能量，使地震荷载降低，对建筑起到保护作用（图2-3）。

此外木材对建筑内部空间布局较为灵活，且木材导热性能较低，隔热，保温性能好，绝缘性强。

（4）便于修缮及搬迁

古建筑面临人为或自然的破坏，需要修缮或整体迁移。木构件可拆解或落架大修。在选择材料时选木材，便于更换构件。例如古建筑修缮常用到"偷梁换柱""打牮拨正"等方法。受弯构件出现残损后，但残损部位较小，传统修缮方法可将残损部位剔除，再用同材料同工艺补配钉牢；当古建筑柱子出现劈裂现象，且缝宽超过0.5cm时，用旧木条粘牢补上，当劈裂缝隙较宽时（3~5cm），粘补后加1~2道铁箍用于加固（图2-4a）。随着时间的推移，科学技术逐渐提高，在不破坏建筑原真性的基础上，不仅提出了利用碳纤维加固能完成隐蔽式的修缮，同时还提高了古建筑的力学性能（图2-4b）。使用碳纤维对木构件修缮及加固时，需要对木构件开槽、打磨、涂胶、嵌板等一系列工艺，碳纤维之所以能够应用于木构件，其原因之一是

（a）　　　　　　　　　　　　　　　　　　　　（b）

图2-3　古建筑斗栱

（a）北京雍和宫永佑殿斗栱；（b）山西晋祠水镜台

（a） （b）
图 2-4 古建筑修缮加固方法
（a）河南登封惠善寺大雄宝殿柱传统加箍修缮；（b）碳纤维嵌入法修缮古建筑

木材易于开槽嵌板，木板及胶的粘接较强。从上述可发现，不管是传统的修缮技艺还是现代的隐蔽式加固，木材都便于修缮。

古建筑在搬迁时，可采用拆解成木构件的方法进行搬移，通过对古建筑构造形式分析研究等，确定好搬迁位置，将构件编号，可在新址上搭建古建筑。例如位于黄河北岸的永乐镇古建筑永乐宫，在被发现四年后因下游兴建三门峡水库，面临建筑搬迁。祁英涛先生带领古建筑保护工作者对永乐宫实地考察，经过设计及施工指导，将原址位于山西省芮城县永乐镇招贤村的永乐宫古建筑，迁至芮城县城北3公里的龙泉村东侧。

综上所述，木材具有历史延续、取材方便、力学强度大，同时便于修缮及迁移等优点，故古建筑在建造时选择木材作为主要框架材料。木材的加工是木构建筑施工中重要的环节。《考工记》中将"攻木之工"分为轮人、舆人、弓人、庐人、匠人、车人、梓人七种，说明在春秋战国时期将木材应用至建筑之中已有专业的划分。木材经过砍伐、加工、设色等工艺成为木构件，形成木构建筑，其中融入了古人对建筑材料选择及运用的智慧。

2.1.3.2 木构件常用树种

我国幅员辽阔，气候多样，盛产多种木材，在战国时期，《楚辞》一书中提出了用于建造房屋常用的树种名称。其后《天工开物》中对于造船所用木材描述：

"栀用端直杉木，长不足则接，其表铁箍逐寸包围……梁与枋樯用楠木、槠木、樟木、榆木、松木、槐木。橹用杉木、桧木、楸木。此其大端云。"[①]

---

① （明）宋应星，天工开物：中篇舟车 [M]. 1637（明崇祯十年）.

说明我国古代在不同用途上对树种的选择积累了丰富的经验。《营造法式》中对木材的选料要求计划定料开锯，先取大料，将剩下的木料按尺寸锯作其他适合的构件用料。"务在就材充用，勿令将可以充长大用者截割为细小名件"。说明不仅对选料，对于开料以及木料如何使用也有相应的研究。

目前我国古建筑常出现开裂、腐朽、虫蛀、挠曲等现象，古建筑树种的识别及研究，可对该项树种天然耐久性、力学性能深入了解，同时可了解不同树种在古建筑木构件中的用途，对古建筑木构件残损能够依据合适的树种进行维护和修缮。此外，在了解木材性能的前提下，对古建筑木构件的预防性保护能起到指引作用。针对我国不同形制、不同地理位置、不同保护等级、不同构件位置的古建筑开展现场调研及实验室研究。本次实验室树种鉴定以及鉴定设备为中国林业科学研究院提供。

（1）树种分析方法

通过走访选取具有代表性的南北方古建筑，材料一般选用古建筑置换、废弃等木构件，通过老工匠、现场调研、翻阅构建或修缮文献等方式初步判定木构件树种类别。再对建筑隐蔽位置进行取样，取样试件不小于 $2cm \times 2cm \times 2cm$。软化试件，将软化后的试件进行切片，切片方向为横截面、径切面和弦向切面三个方向，厚度为 $20\sim80\mu m$。将切割后的三切面染色、脱水后封片，通过显微观察，根据木材的组织结构、形态特征进行树种鉴定（图 2-5）。具体实施步骤如下：

（2）现场调研树种判定

不同树种材性不同，在北京、山西、河北、安徽、浙江、广州、广西等地进行现场踏勘调研（图 2-6）。为保护古建筑的原真性，现场取样均为梁端或柱端隐蔽部位或

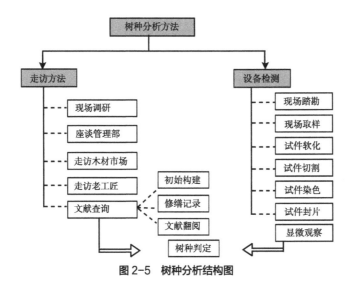

图 2-5 树种分析结构图

图2-6　现场抽样调研地点

（a）北京长廊；（b）浙江崇德堂；（c）安徽老屋阁；（d）河北清东陵；（e）山西观音堂；（f）广东广州陈家祠

已发生残损点的部位，最大限度减少对古建筑的破坏。

通过实际踏勘、座谈走访以及查阅资料发现，我国明清官式建筑多用楠木，不仅木材密实坚硬，同时楠木较少，物以稀为贵，彰显统治阶级的地位。北方地区古建筑木构件较多采用松木、榆木、杨木、冷杉；南方地区木构件较多采用松木、杉木、樟木等（表2-2）。这种方法能够简单快速得出树种，但有时对木构件树种的判别存在歧义，例如在走访时发现老工匠或管理人员对树种无法明确识别，存在模糊界定领域，或是冷杉或是松木，对此需要进一步实验室切片检测。

踏勘及文献调研树种　　　　　　　　　　　　　　　　　　　　　　　　　　　表2-2

地点	古建筑名称	保护等级	鉴定木构件部位	树种鉴定方式	树种
北京	故宫太和殿	全国重点文物保护单位	柱	文献	楠木
北京	天坛长廊	全国重点文物保护单位	柱	座谈	硬木松
北京	天坛双环亭	全国重点文物保护单位	柱/梁	座谈	松木

地点	古建筑名称	保护等级	鉴定木构件部位	树种鉴定方式	树种
北京	护国寺	/	柱 / 梁	座谈	松木 / 冷杉
河北	清东陵裕陵隆恩殿	全国重点文物保护单位	柱 / 梁	座谈	楠木
河北	清东陵裕陵宫门	全国重点文物保护单位	七架梁梁端部	座谈	楠木
河南	会善寺	全国重点文物保护单位	趴梁、北侧大梁	座谈	榆木
山西	成汤王庙	/	柱 / 梁	座谈 / 走访	榆木 / 杨木
山西	观音堂戏台	全国重点文物保护单位	柱 / 梁	座谈 / 走访	榆木 / 杨木
安徽	韩氏宗祠	/	柱 / 梁	座谈 / 走访	杉木
安徽	绿绕亭	全国重点文物保护单位	柱 / 梁	座谈 / 走访	杉木
安徽	老屋阁	全国重点文物保护单位	柱 / 梁	座谈 / 走访	杉木
安徽	钓雪堂	/	柱 / 梁	座谈 / 走访	松木 / 杉木
广州	陈家祠	全国重点文物保护单位	门 / 窗	座谈	油英木
广州	陈家祠	全国重点文物保护单位	梁	座谈	坤甸木
广西	大圩古镇	/	柱 / 梁 / 窗	走访	樟木

（3）现场木材市场调研

古建筑修缮时所需不同树种的木材，通过走访南北方木材市场，调研古建筑维修时木材树种的需求情况。北方选择北京东坝木材市场（图2-7），南方选择浙江金华木材市场（图2-8）。

（a）　　　　　　　　　　　　　（b）

图2-7　北京东坝木材市场走访现场

（a）梁构件——油松；（b）柱构件——油松

图 2-8　浙江金华木材市场走访现场

通过南北方木材市场的调研，发现古建筑木构件修缮更替新构件时，选用的材料一般与原材料相同，北方古建筑木构件常用树种为松木、杨木和榆木，南方多将杉木适用于古建筑木构件。

（4）实验室切片树种判定

经筛选，对南北方典型古建筑进行隐蔽式木构件取样（图 2-9），进入实验室制作成试件，木材具有异向性，通过显微镜对各木构件的三切面观察可以全面了解木材结构，继而对树种进行判定（图 2-10~ 图 2-23）。

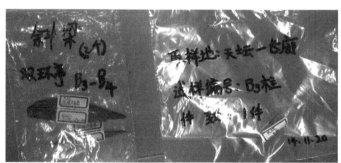

图 2-9　南北方建筑现场树种采样包

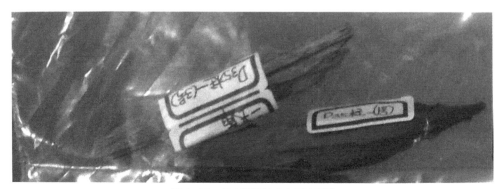

图 2-10　北京天坛长廊南侧柱采样

图 2-11　北京天坛长廊南侧柱试件三切面树种鉴定——硬木松

图 2-12　北京天坛长廊东侧柱采样

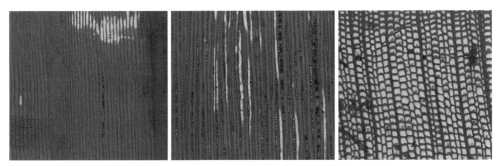

图 2-13　北京天坛长廊东侧柱试件三切面树种鉴定——杉木

图 2-14　河南会善寺趴梁中部采样

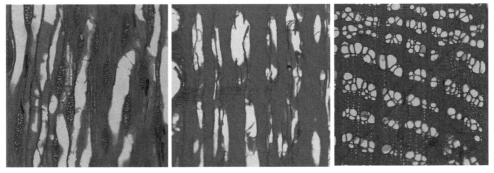

图 2-15　河南会善寺趴梁中部试件三切面树种鉴定——榆木

图 2-16 山西成汤王庙木构件采样

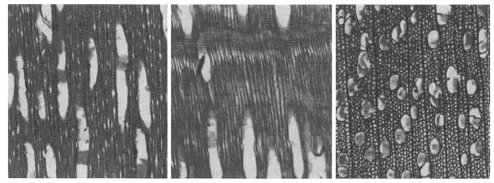

图 2-17 山西成汤王庙木构件试件三切面树种鉴定——杨木

图 2-18 浙江金华崇德堂梁端采样

图 2-19 浙江金华崇德堂梁端试件三切面树种鉴定——杉木

图2-20 浙江金华立本堂梁中部采样　　　　　图2-21 广州陈家祠梁采样

图2-22 浙江金华立本堂梁跨中部试件三切面树种鉴定——杉木

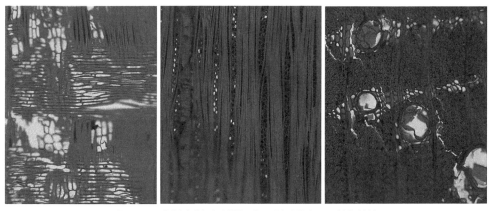

图2-23 广州陈家祠梁试件三切面树种鉴定——坤甸铁樟

依据更多的实验室树种鉴定结果见表2-3。南北方古建筑在木构件树种选用中存在不同。通过对南北方古建筑木构件的三切面树种鉴定，发现我国北方古建筑木构件较多使用硬木松、榆木、杨木、云杉、冷杉、核桃木、柏木；南方古建筑木构件较多使用杉木、坤甸铁樟。

究其原因存在两方面：其一，受地域性因素影响，我国东北、中原和西北各省份较多种植硬木松（气干密度0.5~0.7g/cm³），硬木松根浅，喜光，纹理较直，弹性好，透气性强，生长周期相对长；杨木、榆木在北方各地属常见木材，纹理通直，不易开裂，价廉易得；其二，因其木材自身材性优点，例如硬木松年轮密实，材质柔韧，耐久性强，适合作为古建筑柱体，杨木材质细软，性稳。榆木弹性强，耐湿耐腐性强，气干密度 0.68g/cm³，材质硬，用于木构件中不易变形、开裂。

实验室三切面树种鉴定汇总　　　　　　　　　　表2-3

地点	古建筑名称	木构件名称	树种	拉丁名	科名	科拉丁名
北京	吕祖宫	柱	落叶松	*Larix sp.*	松科	*Pinaceae*
北京	吕祖宫	梁	冷杉	*Abies firma*	松科	*Pinaceae*
北京	吕祖宫	枋	云杉	*Picea sp.*	松科	*Pinaceae*
北京	护国寺	柱	硬木松	*Pinus sp.*	松科	*Pinaceae*
北京	护国寺	方梁	冷杉	*Abies firma*	松科	*Pinaceae*
北京	护国寺	小枋	硬木松	*Pinus sp.*	松科	*Pinaceae*
北京	天坛双环万寿亭	东柱	硬木松	*Pinus sp.*	松科	*Pinaceae*
北京	天坛双环万寿亭	斜梁	核桃木	*Juglans sp.*	胡桃科	*Juglandaceae*
河北	清东陵	柱头	硬木松	*Pinus sp.*	松科	*Pinaceae*
河北	清东陵	梁头	柏木	*Cupressus sp.*	柏科	*Cupressaceae*
山西	成汤王庙大殿	梁	杨木	*Populus sp.*	杨柳科	*Salicaceae*
山西	观音堂	梁	杨木	*Populus sp.*	杨柳科	*Salicaceae*
山西	观音堂	柱	榆木	*Ulmus sp.*	榆科	*Ulmaceae*
安徽	老屋阁	柱	杉木	*Cunninghamia sp.*	杉科	*Taxodiaceae*
安徽	钓雪堂	梁	杉木	*Cunninghamia sp.*	杉科	*Taxodiaceae*
金华	崇德堂	柱	杉木	*Cunninghamia sp.*	杉科	*Taxodiaceae*
金华	立本堂	梁跨中	杉木	*Cunninghamia sp.*	杉科	*Taxodiaceae*
广州	陈家祠	梁上端	坤甸铁樟	*Eusideroxylon zwageri*	樟科	*lauraceae*

对比实际踏勘、座谈和实验室切面树种鉴定，发现走访踏勘树种鉴定速度较快，但鉴定结果受个人因素影响，存在一定的误差率，且判断树种无法准确定出树种的科、属分类；实验室切面树种鉴定能够有效地完成树种判定，准确率高，但需从木构件中取样，无可避免地对古建筑有所损坏，特别是构件上绘有彩画，此检测方法行不通，且树种鉴定程序繁琐，经费较高，只能抽检个别构件进行树种鉴定。

根据上述两种方法的鉴定结果，将实际踏勘、座谈和实验室切面树种鉴定相互结合的方法进行判别，即首先通过现场踏勘、木材市场走访、座谈、查阅修缮记录等，对木构件各部位的树种有大致了解后，将不能够确定的大木构件进行实验室切面鉴定，并将鉴定结果的图形、数据建立数据库，便于今后其他树种鉴定，为古建筑修缮提供详细资料。根据各树种特有的材性，更科学地将木材运用至古建筑各构件中，同时具有针对性地预防木构件残损。

2.2 木构件残损肌理

木构件是一种特殊的建筑材料，距今已有数千年历史。就地取材的良好优势、便于加工制作、可塑性强等特点，使得木材在古建筑选材中备受追捧。木材作为植物性原料以及多孔生物材料，具有明显的生物特性。古建筑历经自然和人为破坏，加之受环境、生物、物理以及化学等影响，例如在温湿度适宜的条件下易滋养微生物，当微生物迅速繁殖时，木构件会出现腐朽、虫蛀或空洞，继而引起物理力学性能的衰减，最终造成整体木结构的损毁。现存古建筑面临不同程度的残损状态，对现存古建筑残损肌理分析，寻找普遍易损点是对古建筑保护的前提和保障。

2.2.1 木构件受力分析

古建筑木构件的梁、柱木构件经榫卯连接，承受多年的重力荷载、地震以及风荷载。例如木柱下方会设置柱石，使柱脚与柱石间产生摩擦力，柱子受上部荷载时，柱脚与柱石在挤压中不断削弱，继而提高了木结构抗震能力。同时通过柱石将上部传来的力有效阻拦，减小木结构与基础间的滑移现象。柱头通过馒头榫或销与普拍枋连接。柱头与柱脚的端部均为嵌入式或受力摩擦式，使得具有一定的抗倾弯矩。此外，构件之间的衔接多为接触式结合，调研发现，接触之处的横纵面木材纹理方向不同，在相互承压时其应力分布和变形中呈现出较为复杂的状态。

由于古建筑木构件的珍贵，目前检测人员，通常以自身经验对古建筑木构件的残损或内部缺陷进行判断，因此，对古建筑木构件的残损肌理需要进一步研究。

2.2.2 木构件残损肌理

古建筑木构件的材料——木材是一种多孔性和各异性材料，在其形成过程中受多种因素的影响，存在较大的差异性，继而出现不同的物理性质和木材结构，这种现象的起因源于木材细胞壁的结构。同时木材是一种吸湿物质，受外部大气温湿度影响，木材可能丧失或吸收水分，能够引起材料尺寸的改变，甚至开裂变形，究其原因与木材的超微构造有关。木材存在生物降解性，例如木材位于潮湿环境中，特别是暴露于室外自然环境易受生物（木腐菌、变色菌、霉菌、细菌等）、微生物（酶、纤维素分解、木质素分解、半纤维素分解等）、动物（白蚁、蛀木甲虫等）及非生物的侵害，不仅影响外观，同时导致材质性能下降，使得整体建筑结构稳定性或承载力下降，基于此，有必要对古建筑木构件进行内外部残损调查和分析。通过对我国南、北方古建筑木构件的现场调研发现，古建筑木构件其残损情况可分为外部残损和内部残损两部分。

2.2.2.1 古建筑木构件外部残损

古建筑木构件外部受到自然灾害、人为破坏、受力挤压变形、沉降等因素，极易造成木构件外部出现劈裂、地仗脱落、构件缺失、表面空洞、材质腐朽或虫蛀、歪闪变形等现象。

（1）劈裂

受周围环境影响，内部水分流失或承载力较大时，木构件发生劈裂。劈裂方向均沿其木材纹理方向，开裂路径扩展存在不规则性，初期劈裂速度较慢，受损部分为细胞层或细胞壁之间，木构件的表面依旧是光滑的，表面基本无变化，到达安全阀之后出现快速扩展阶段，快速扩展形成细胞壁的断裂[139]。影响因素不同劈裂形式不同，例如劈裂分为表面细纹劈裂、斜裂缝、通裂缝（图2-24）。

（2）地仗脱落

地仗由麻、布、面粉、猪血等材料组成，结合传统工艺对古建筑木构件表层形成一层保护壳，对木构件起到防止虫蛀、开裂等作用，有时彩画绘于地仗之上，除了起到保护木构件的作用外，还彰显了建筑本身的等级。受外部风雨侵蚀及人为因素导致地仗脱落（图2-25），影响木构件外观的同时也对木构件造成病害的隐患。

| （a） | （b） | （c） |

图2-24 木构件常见劈裂形式
（a）柱脚表面细纹劈裂；（b）柱身斜裂缝；（c）椽木通裂缝

图 2-25　木构件地仗脱落形式

（a）　　　　　　　　　　　　　　　　（b）

图 2-26　木构件缺失形式

（a）天花缺失；（b）窗格缺失

（3）构件缺失

调研发现木构件中构件缺失的一般为小构件（图 2-26）。多为人为破坏，严重破坏了古建筑的完整性。

（4）表面空洞

空洞对木构件的迫害较为严重，受损原因主要为虫蛀或生物、微生物腐朽后，木质疏松，未及时修缮直至扩大成为空洞（图 2-27）。

（a）

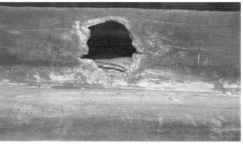
（b）

图2-27 木构件表面空洞
（a）梁端未彻底空洞；（b）梁跨中内外贯穿性空洞

图2-28 木构件腐朽

图2-29 木构件虫蛀

（5）材质腐朽及虫蛀

木构件腐朽及虫蛀是古建筑常见的残损现象，对木结构的安全具有隐患。腐朽的主要原因是构件长期处在潮湿环境中，例如年久失修屋顶漏雨，局部坍塌雨水渗漏，雨水浇溅等原因导致木构件的糟朽。当木构件在加工中遗留虫卵，在温湿度适宜的情况下快速成虫，在木构件内钻孔及隧道，影响材质。腐朽或虫蛀后的木构件材质疏松，虫蛀后构件内部材料呈粉末或海绵状，严重破坏构件材性（图2-28、图2-29）。

（6）构件变形

木构件内、外部残损引发构件材质疏松，加之强大的风力作用，严重时会对整体构架带来影响，此外构架长期荷载导致构件变形（图2-30）。

通过上述实际踏勘调研结果发现，我国南北方古建筑木构件受内外因素影

图2-30 构件弯曲变形

响,存在多种外部残损现象,但外部残损在古建筑检测中,通过目测观察以及简单的测量工具便可对残损定性及量化结果。同时通过外部实时监测,能够直观有效地预防木构件进一步恶化,优化修缮方案。

2.2.2.2 古建筑木构件内部残损

木材内部受细菌、虫害等侵害,内部材质产生变异,逐渐发展至内部腐朽及空洞,但木材外部观察完好(图2-31)。

(a)   (b)

图2-31 木材内部糟朽及空洞
(a)内部糟朽;(b)内部空洞

对古建筑修缮更替下的木构件进行调查,发现木构件内部缺陷主要存在糟朽及空洞(图2-32)。

(a)   (b)

图2-32 木构件内部残损
(a)角梁梁端糟朽;(b)梁端空洞

通过调研发现,木构件内部残损判别主要采取外部观测和敲击按压两种方式,通过观察木构件表面有无菌类或构件表面的凹陷情况,推断其内部是否存在腐朽,利用检测锤敲击,通过声音判断其内部是否存在严重腐朽或空洞。

2.3 木构件耐久性

古建筑木构件经历自然老化，环境中的灰尘、酸性有害物质逐年侵害，污染物侵蚀，生物和微生物破坏，构件呈现霉菌、虫蛀、腐朽、空洞等不同病害特征，从而导致古建筑木构件例如梁、柱、枋等产生内、外部残损，材质性能也逐渐下降。通过对古建筑木构件易损点分析，确定残损多发区的位置。对常见残损类型进行分析及总结，能够有效地对古建筑木构件进行预防性保护。

2.3.1 古建筑易损点

古建筑木构件的建筑环境、位置、朝向、材料以及使用年限不同，残损部位有所不同，但古建筑的构件类型、营造方式、受力节点相似，同时对建筑的选址、朝向等有关的玄学流传至今，因此古建筑之间虽有不同，但易损点具有共同特点。

与此同时，木材的属性为生物材质，是由多种有机高分子材料组成。早材成长速度较快，木质细胞胞腔大，晚材生长趋于缓慢，质地较硬形成晚材，早晚材密度不同，故在木构件残损中，早材部位的残损概率大于晚材，且内部残损多始于早材，故古建筑易损点是有规律可循的。

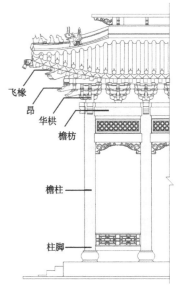

图2-33 古建筑木构残损位置

通过对南北方12个省份多个单体建筑进行实地调研，首先对建筑外部观测，通过传统的敲击、按压等方式将木构件外观残损位置记录，再通过尺子、检测锤、吊锤或无损检测技术（应力波、阻抗仪）对古建筑易损点综合分析，总结南北方古建筑典型残损部位。我国古建筑木构件残损位置主要集中在柱端、柱脚、梁枋、飞椽、昂等部位，部位不同反映残损的现象和危害也不同（图2-33）。

椽子、飞椽及望板是古建筑木构架中最上层的构件，椽子的残损形式多为糟朽或垂弯。由于较长时间遭受雨水的侵蚀，飞椽的结构为外方里渐薄，端部与尾部的长度比值为3∶1，当飞椽端部受雨淋发生糟朽，会逐渐导致飞椽尾部劈裂或折断。

柱类残损位置出现檐柱较多，易损点一般发生在柱脚或柱端，南方地区尤为突出。南方气候湿润，雨水充沛，柱脚受雨水滴溅、浸泡等后便容易糟朽，使柱脚塌陷或柱脚由内部糟朽转化为内部空洞，例如浙江金华崇德堂、立本堂等。

梁、枋是木构件的主要构件，常年受上部传下的垂直压力，构件端部横纹纤维逐渐发生扩张及变形，端部变形或直接压溃，形成横纹断裂或折断现象。例如河南风穴寺，影响木结构的外观及存在安全隐患；昂、斗栱构件相对凸显，易受到风雨侵蚀等。在日常维护或评估古建筑木构件安全性时，可对易损部位重点检测。

2.3.2　构件残损与耐久性

古建筑木构件历经数年使用且受自然环境、物理和人为的破坏等，在我国南北方实际工程调研中发现，大量的古建筑木构件面临着不同程度的劣化，如劈裂、霉菌、腐朽和空洞等。

发现易损部位单体构件中梁、柱构件是古建筑主要承重构件，同时梁、柱构件的残损与多个构件残损之间存在相关性，其耐久性较强，但周期性疲劳和受环境、受力等因素的影响，常出现在梁、柱构件中，同时也影响了其他木构件的安全性。

在古建筑木构件的各残损现象中，腐朽及空洞与其他残损间存在明显的联系，是影响木构件耐久性的主要因素。腐朽及空洞出现在外部尚可快速判别，但木构件的梁或柱内部出现腐朽或空洞，通过外部观察不易判断，会影响整体木构架的安全性。

古建筑木构件有其独特的体系，木构件的材料——木材具有天然属性，由树皮、边材、芯材及髓心组成，本章简要介绍了木构件的历史沿革以及主要木构件功能，其次对木材的密度、含水率以及变形能力的物理特性和顺纹、横纹的受压及受弯能力的力学特征进行了阐述。古建筑木构件针对各构件的实际需求，选择不同树种进行加工，选择树种的因素包括价值观念、地域特性、力学优点等，通过现场调研、走访座谈、资料查阅以及实验室试样三切面鉴定，发现北方古建常用硬木松、榆木和杨木，南方多用杉木、樟木。

木构件残损肌理分外部及内部，外部包括劈裂、地仗脱落、构件缺失、表面空洞、构件变形、材质腐朽及虫蛀等；内部残损外部难易观测，常见的有糟朽及空洞。对木构件进行耐久性分析，总结出古建筑易损点为檐柱柱端、柱脚、飞椽、昂等构件，通过分析判断梁、柱构件的单体构件耐久性较强，但周期性疲劳以及受外部空间环境的影响，常出现在梁、柱构件残损之后，同时影响其他木构件的安全性。此外，木构件缺陷形式与空洞、糟朽及其他残损形式相关性较大，说明虽残损形式与肌理不同，但后期多会出现糟朽或空洞，是影响木构件耐久性的主要残损因素。

第 3 章 古建筑木构件内部残损判别

古建筑木构件作为生物材料存在不可避免的缺陷,庄子曾说"一受其成形,不亡以待尽",古建筑也同理,建成以后随即走向衰亡。古建筑木构件受自然、细菌或虫害的侵蚀,产生各种内外部缺陷,导致古建筑外观及自身强度和力学性能受到不同程度的影响。古建筑木构件的预防性保护的目的是发现并去除破坏建筑的因素,以延缓古建筑衰老的过程。

通过第 2 章对木构件残损肌理分析可知,古建筑木构件内部缺陷的评估,对古建筑整体框架的结构安全尤为重要,但通过目测、敲击方法无法给予准确的评判结果。无损检测方法的应用,可以在不破坏木构件的前提下,完成对相关数据的采集,由于古建筑结构复杂,设备参与受限等原因,无损检测方法在现场操作时难以应用。应力波无损检测方法主要通过声波在木材中的传播速度判断内部残损情况,阻抗仪通过探针获取检测路径上的相对阻力值,完成木构件在单路径中的检测。

本章选取南北方常用树种制作成试件进行试验研究,探讨影响古建筑木构件内部缺陷的判别。

3.1 木构件内部残损检测方法

3.1.1 内部残损检测的目的

古建筑含有大量历史信息,一经破坏将无法完全复原,必将造成巨大的损失。从第 2 章对木构件残损肌理分析可知,木构件内部缺陷主要包括内部腐朽和空洞。根据我国《古建筑木结构维护与加固技术规范》GB 50165—92 中对古建筑承重木柱和梁的劣化检测及评价,可发现我国多处文物保护单位的木构件出现了不同程度的劣化,且内部虫蛀和空洞的劣化具有不可视化（表3-1），影响整体木构架的安全性。

中国古建筑木构件劣化部位及劣化特征分析　　　　　　　　　表3-1

区域	劣化部位	劣化原因	劣化特征	残损点评定界限	是否可视	影响等级
北方/南方	古建木框架	空气流通性差/水分收缩不均等	木构件外部色彩变暗或表层腐朽	木柱：$\rho > 1/5$ 或按剩余截面验算不合格；梁：$\rho > 1/7$ 或按剩余截面验算不合格	可视化	+
北方/南方	柱体、梁、木栿、望板、昂等	潮湿、空气不流通环境下木腐菌滋生/木纤维素分解	霉菌/内部腐朽	木柱：$\rho > 1/7$ 或按剩余截面验算不合格；梁：不论 ρ 大小，均视为残损	不可视化	+++
北方/南方	柱体、梁	干湿收缩不均/承重年限过久，常年受压等	抗拉轻度降低、断裂等	有断裂、劈裂或压皱迹象出现	可视化	++
北方/南方	柱体、梁架	使用年限较长、震害等	歪闪、弯曲变形梁竖向挠度最大值 ω_1 或 ω'_1	木柱：$\delta > L_0/250$；梁：$h/l > 1/14$ 时 $\omega_1 > l^2/2100h$ $h/l > 1/14$ 时 $\omega'_1 > l/150$	半可视化	++
南方	柱体、梁、坊等	白蚁、木蜂、鼻白蚁等对构件内部侵蚀	虫蛀	有虫蛀孔洞，或未见孔洞，但敲击有空谷音	不可视	++++

注：ρ：腐朽和老化变质（两者合计）所占面积与整截面面积之比；δ：弯曲矢高；L_0：柱的无支长度；+：反映古建筑木构件在不同劣化时所处的风险等级强弱度。

　　木构件由于受细菌、虫蛀等侵害，使得构件内部引发材质变异。当内部腐朽没能及时发现而肆意扩展到一定程度时，会病变形成木构件内部空洞。保护古建筑的目标是保存原有的建筑构件，查找损毁或存在安全隐患的部位，将残损部位快速修复，隐患部位得到预防性保护，使建筑延年益寿。

　　建筑是历史和文化的载体，在检测过程中应避免对建筑本身的伤害，对木构件内部残损的检测目的主要探究内部缺陷状况、检测的最佳适宜方式、内部残损形状及类型、内部残损面积等。

　　同时，在内部残损检测时还应未雨绸缪，为后期的方案设计提供建议与设想，在检测时不仅观察检测截面残损，同时也可预见其他可能存在的隐藏病害，避免对古建筑造成损失，真正起到预防性保护的作用。

　　内部残损因其位置隐蔽，具有隐藏性和难以判断的特性，在检测过程中也是一个不断发现证据、进行推理的过程。

3.1.2　内部残损检测方法

根据不同的检测方法，可分为传统无损检测法及现代无（微）损检测方法。传统无损检测方法可保护建筑的原真性，但受经验及主观因素影响较大。现代无（微）损检测方法可量化检测数据，但对物体或人员均有少量影响，在实际检测中可根据现场状况酌情选用。

3.1.2.1　传统无损检测方法

传统古建筑木构件内部残损检测方法主要采取目测查看、手部按压和敲击检测三种方法。此三种方法主要依靠检测人员的经验和主观判断。

首先，通过对古建筑木构件资料的查阅，了解修缮记录，在现场踏勘中检测者运用自身的专业知识、经验积累等背景，通过视觉观察古建筑易损点及外部构件存在的残损特征，对古建筑木构件的内部残损作出推测，例如木构件表面有菌类生长或木构件表面存在凹陷、褶皱或撕裂，其内部有可能存在腐朽或空洞，在检测时记录残损位置。

其次，通过手部触碰、按压木构件表面，查看是否存在木构件表面以及整体检测截面材质疏松的情况，预测内部材质是否存在降解。

最后，利用检测锤对古建筑木构件表面敲击，通过检测锤敲击木构件表面发出的声音判断内部可能出现的残损的位置。当敲击声发出脆响闷鼓声，表示检测截面可能存在空洞，当发出低沉声时表示内部材质有所破坏，可能存在腐朽（图3-1）。

传统无损检测方法，能够在不损伤木构件原真性及使用功能的情况下，进行现场检测，并快速得出残损检测结果。但传统检测方法对经验和主观判断依赖性较大，因此对木构件内部残损检测的准确度还有待提高。

（a）　　　　　　　　　（b）　　　　　　　　　（c）

图3-1　传统无损检测方法
（a）目测查看；（b）手部按压；（c）锤面敲击

3.1.2.2 现代无（微）损检测方法

在古建筑预防性保护中，对木构件内部残损检测除了外部观察的判断，还应使用检测工具，借助必要的检测技术对建筑材料内部残损进行判别。随着科技的不断发展，无损检测技术（Non Destructive Testing）也简称为 NDT，是一种非破坏的检测方法，同时也是无（微）损检测方法的一种应用。在不破坏检测物体的材质或原有结构的前提下，利用仪器设备对木构件内部残存、力学性能等内容进行快速有效的检测。由于对木构件无（微）损，符合古建筑保护的特性，在有关木材构件、材料性能等检测方面快速发展，其中美国、德国、日本等对检测设备进行更新或研发，十分重视无损检测技术的应用。我国常见无（微）损检测技术有 X 射线、红外线检测等（表 3-2）。

古建筑木构件材料残损检测技术 表3-2

名称		方法	结果展现形式	局限性
无损检测方法	X 射线	通过射线穿透检测截面时吸收和衰减的不同效应，依据感光底片上的图像判断内部残损状况	得出内部缺陷三维图形	实验室使用
	红外线检测	利用木材内部的水分子对红外光能量的吸收强弱判断物质的数量多少、疏密程度	内部含水率	设备较大，现场操作难度大
	超声波检测	采取两通道"穿透式"检测	波形图	空气介质有所影响，需要使用耦合剂
	探地雷达	电磁波的波形、振幅强度	二维图	检测接触面不平稳
	核磁共振	木材内部的极性分子或水分子	核磁共振图谱	费用较高
	应力波	布设传感器，各传感器间的传播速度	二维检测图	检测精度
微创检测方法	生长锥	钻入取木芯	视觉观察木芯	取样，破坏木构件原真性
	阻抗仪	微型探针钻入	相对阻力	单路径检测

在木构件内部缺陷检测方法中，传统视觉观察、按压敲击检测及现代无（微）损检测均具有一定的局限性。因此，传统内部缺陷检测不可量化。通过相关文献及大量试验发现，应力波和阻抗仪设备易于操作，试验结果可量化，适用于现场检测。由于以上两种方法各具有其优点和不足，所得检测结果也存在差异，因此现代无（微）损检测技术对古建筑木构件内部无损检测结果的缺陷定性、组合预测内部缺陷量化值的研究是亟需解决的问题。

3.2　内部残损检测方法

3.2.1　材料选择与制作

　　选用古建筑木构件常见树种有硬木松、榆木、杨木作为研究对象。章节中所涉及的旧材均为木构件落架大修拆解下的更换构件，在试件加工前期，将试件在常温环境下养护一个月，使其达到平均含水率为 12% 左右。其中硬木松旧材出自北京金融街吕祖宫、山西观音堂和成汤王庙古建筑修缮期间拆卸替换的古建筑木构件，将其作为旧试件材料（图 3-2）。本章节涉及的新材均为东北林场提供，新材树种包括硬木松、榆木和杨木（图 3-3）。将木材在锯解前放置在温度为 20℃，空气相对湿度为 65% 的实验室内进行为期 3 个月的养护，加工时预留干缩余量，使试件的气干含水率达到 12% 后进行测试。

图 3-2　旧木构件材料

图 3-3　新试件材料

3.2.2　试件制作

　　根据《古建筑木结构维护与加固技术规范》GB 50165—92 中对残损评价界限的设定，试件制作经历选材、划线、锯解、标号以及内部残损模拟等步骤，见图 3-4。

3.2.2.1　树种影响试件

　　试验选取山西成汤王庙、北京金融街吕祖宫、安徽黄山"百村千幢"古民居、古建筑修缮期间拆解替换的古建筑木构件作为试件，试件的树种分别为杨木、硬木松和冷杉，试件编号分别为 Y-1、S-1 和 L-1，同时对比榆木 YM-1 试件的检测结果，分

图 3-4 试件制作

（a）选材；（b）划线锯解；（c）标号；（d）内部残损模拟；（e）试件分类堆放

析四种树种在内部残损检测中是否存在差异性。试件内部残损利用人工挖凿，内部缺陷类型为空洞。内部缺陷面积占检测截面面积分别为：硬木松内部缺陷为 1/4，榆木内部缺陷为 1/2，杨木内部缺陷为 1/8，杉木内部缺陷为 1/32。试验试件具体情况见表 3-3。

不同树种试验试件 表3-3

试件编号	构件来源	新旧材料	树种	直径/mm	高/mm	含水率/%	模拟类型	检测高度/mm
S-1	北京	旧材	硬木松	271	100	9.3	圆形空洞	50
YM-1	山西长治	旧材	榆木	223	100	8.7	圆形空洞	50
Y-1	山西长治	旧材	杨木	231	100	9.4	圆形空洞	50
L-1	安徽黄山	旧材	杉木	271	100	10.2	圆形空洞	50

3.2.2.2 年代影响试件

使用东北林场的硬木松新材，试件含水率养护至约 12% 后将其划线锯解，残损类型为内部空洞，试件编号为 XS-1，内部缺陷扩大面积同上，将旧材试件 S-1 的试验结果与之相对比，试件具体数据见表 3-4。

							不同年代试验试件	表3-4
试件编号	构件来源	新旧材料	树种	直径/mm	高/mm	含水率/%	模拟类型	检测高度/mm
S-1	北京	旧材	硬木松	309	100	9.3	圆形空洞	50
XS-1	东北	新材	硬木松	271	100	11.2	圆形空洞	50

3.2.2.3　形状及内部残损大小试件

试验选取山西观音堂古建筑修缮中替换拆解下的木柱构件，构件为圆形，树种为榆木。通过目测查看、表面敲击和按压，判断其构件无地仗层、明显节疤、劈裂等自身缺陷。试件高度 h=100mm，平放试件并对试件划线和锯解，试件两端需平直。

制作三种不同形状的内部缺陷试件，内部缺陷形状定为具有明显差异性的圆形、方形和三角形，试件编号为 YM-1、YM-2 和 YM-3，试件平均直径为243mm，试件平均含水率为9.63%（达到古建筑 5%~25% 范围）。模拟内部残损类型均为空洞，每个试件进行五个阶段的缺陷扩大（内部缺陷面积占检测截面面积：1/32、1/16、1/8、1/4、1/2）表示缺陷的初期、中期和严重期。试验试件具体数据见表3-5。

							不同形状试验试件	表3-5
试件编号	构件来源	新旧材料	树种	直径/mm	高/mm	含水率/%	模拟类型	检测高度/mm
YM-1	山西长治	旧材	榆木	223	100	8.7	圆形空洞	50
YM-2	山西长治	旧材	榆木	250	100	10.6	三角形空洞	50
YM-3	山西长治	旧材	榆木	255	100	9.6	正方形空洞	50

3.2.2.4　位置及残损类型影响试件

将东北林场的硬木松新材含水率养护约至12%后，将其划线锯解，残损类型为内部边材空洞和虫蛀。内部边材空洞试件编号为 XS-2，内部芯材虫蛀试件编号 XS-3，内部边材虫蛀试件编号 XS-4，内部缺陷扩大面积同上，将内部芯材空洞试件 XS-1 的试验结果与之相对比，试件具体数据见表3-6。

							位置及残损类型影响试件	表3-6
试件编号	构件来源	新旧材料	树种	直径/mm	高/mm	含水率/%	模拟类型	检测高度/mm
XS-1	东北	新材	硬木松	271	100	11.2	芯材圆空洞	50
XS-2	东北	新材	硬木松	271	100	11.5	边材圆空洞	50
XS-3	东北	新材	硬木松	271	100	11.5	芯材圆虫蛀	50
XS-4	东北	新材	硬木松	271	100	11.5	边材圆虫蛀	50

3.2.2.5 含水率影响试件

考察不同含水率下应力波对其数据采集的影响，研究不同含水率及不同内部缺陷下应力波对内部缺陷面积的判别、传播速度的衰减情况。

试件树种采用东北林场的硬木松，裁取试件高度 h=100mm 作为试验试件，为减小试验结果的离散型，内部残损类型分为健康材、内部空洞和内部虫蛀三种情况，依据古建筑含水率在 5%~25% 范围，试件含水率调试档分别为 12%、16%、20%、24%。因恒温恒湿箱内空间有限，试件共 10 个，其中原始无损试件 1 个，不同面积内部空洞试件 5 个，不同面积内部虫蛀 4 个，试件编号及详情见表 3-7。

不同含水率试验试件 表3-7

试件编号	新旧材料	树种	直径/mm	高/mm	模拟类型	残损范围	检测高度/mm
SY-1	新材	硬木松	261.2	100	圆形空洞	0	50
SY-2	新材	硬木松	261.2	100	圆形空洞	1/9	50
SY-3	新材	硬木松	261.2	100	圆形空洞	1/7	50
SY-4	新材	硬木松	261.2	100	圆形空洞	1/5	50
SY-5	新材	硬木松	261.2	100	圆形空洞	1/3	50
SY-6	新材	硬木松	261.2	100	圆形虫蛀	1/2	50
SY-7	新材	硬木松	261.2	100	圆形虫蛀	1/9	50
SY-8	新材	硬木松	261.2	100	圆形虫蛀	1/7	50
SY-9	新材	硬木松	261.2	100	圆形虫蛀	1/5	50
SY-10	新材	硬木松	261.2	100	圆形虫蛀	1/3	50

3.2.3 设备选取

3.2.3.1 恒温恒湿箱

依据《木材含水率测定方法》GB/T 1931—2009 中不同温湿度与环境下木材平衡含水率的设定，通过恒温恒湿箱对含水率试件进行养护，箱外 24 小时连接加湿器，箱内根据设置的含水率需求进行自动调节（图 3-5）。为避免存在误差，恒温恒湿箱内放置环境温湿度检测仪，时刻监测箱内环境。照度为 1 级，试件分别错缝摆放养护（图 3-6）。根据不同含水率试件调剂养护参数见表 3-8。

3.2.3.2 应力波无损检测

无损检测中，使用的匈牙利生产的 FAKOPP 多探头应力波测试仪（图 3-7）。木材的声学特征是应力波得以应用的物理基础。伴随敲击试件，内部会产生应力波的波速（m/s），通过传播速度判断试件内部残损状况。应力波无损检测技术包括横向应力

恒温恒湿箱含水率试件调剂养护　　　　　　　　表3-8

含水率设定/%	温度/℃	相对湿度/%	照明级数/级	养护时间/月	加湿器/小时
12	21.1	65	1	3	24
16	21.1	80	1	4	24
20	21.1	90	1	3	24
24	21.1	95	1	4	24

  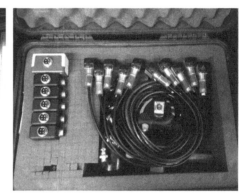

图3-5　恒温恒湿箱设备　　图3-6　含水率试件养护　　　　图3-7　应力波无损检测设备

波技术和纵向应力波技术。横向应力波无损检测主要针对木构件内部残损(腐朽、虫蛀、空洞等)，纵向应力波无损检测技术主要检测木构件的动弹性模量，对材料的力学性能和强度判断。本章节所用应力波为横向应力波技术，选用匈牙利的 FAKOPP 应力波，将应力波传感器布设于检测试件上，用检测锤逐个敲击传感器，每个敲击三次，通过敲击传感器产生声波速度和振动波谱的方法来进行内部缺陷检测。此外，应力波在内部断面不同路径下的传播时间经矩阵计算和重构，转化为二维检测图（线性图及平面图）。以不同色彩的二维平面检测图直观地显示木材内部缺陷情况，图中纵、横坐标表示试件尺寸，左侧色彩条表示试件从健康至残损的颜色变化，绿色表示内部材质健康，红色和黄色表示内部材质疏松，蓝色表示内部存在空洞。同时通过 ArborSonic 3D 软件可分析内部缺陷面积。

3.2.3.3　阻抗仪无损检测

阻抗仪携带方便、现场使用范围较广，同时设备操作易掌握且精准度高。试验使用德国产的 IML 微钻阻抗仪，设备利用内部电机在恒定的速率下 1.5mm 微型探针驱动向前，在钻入试件内部时产生阻力，进针速度分为旋转速度和纵向速度，分别为5000r/min 和 200r/min，该阻力值是相对阻力。阻力值的大小能够反映试件内部的密度、

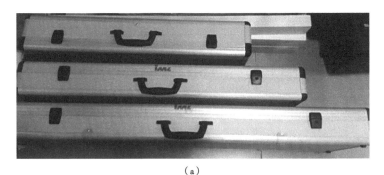

（a）

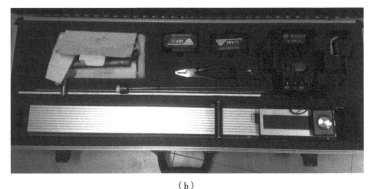

（b）

图 3-8　阻抗仪无损检测设备
（a）不同型号阻抗仪；（b）试验所用设备

早材、晚材以及内部单路径下的残损情况。对试件采集数据后，可直接通过数据线将阻抗仪内的阻力参数和阻力曲线图形传入计算机。此外，IML 微钻阻抗仪还具有可调节进针速度、进针深度和探针自我保护等功能。

IML 微钻阻抗仪型号有 IML—RESI PD 300、IML—RESI PD 500 和 IML—RESI PD 700，考虑试件的检测截面及便携性，试验选取 IML—RESI PD 500 型号（图 3-8）。

3.3　应力波判别分析

3.3.1　树种影响试件

因古建筑木构件树种的选择存在南北方差异，故需分析硬木松、榆木、杨木和杉木不同的树种类型下应力波对内部缺陷检测产生的影响。应力波传感器设置为十探头。

通过对不同树种试件的应力波检测试验，观察应力波二维检测平面图，发现应力波能够反映硬木松、榆木、杨木和杉木不同树种试件内部的残损状况（图 3-9），但当试件内部残损面积较小时，检测结果对内部缺陷类型的界限模糊，内部缺陷面积存在误差（图 3-9c-d）。

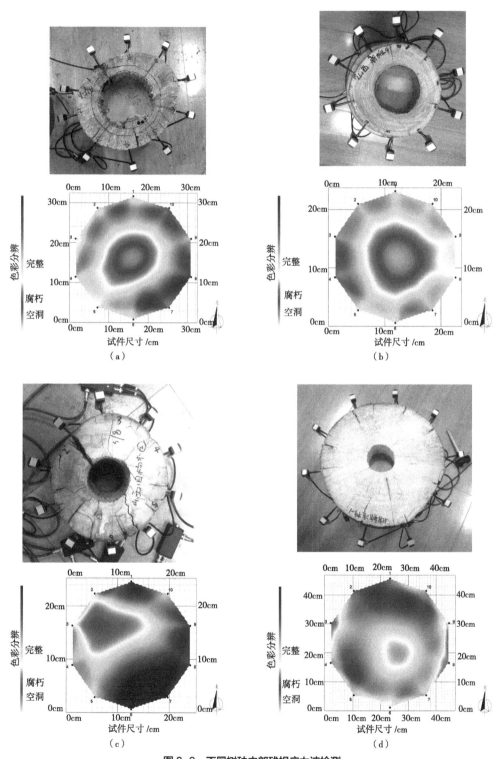

图 3-9　不同树种内部残损应力波检测
（a）硬松木；（b）榆木；（c）杨木；（d）杉木

3.3.2 年代影响试件

对新材硬木松 XS-1 和清代古建筑维修更换的旧木构件 S-1 进行试验，残损类型件为内部空洞，残损面积为检测截面面积的 1/3，应力波传感器设置 10 个平均布设于试件周边，检测结果见图 3-10 和表 3-9。检测截面面积为 S，实际内部缺陷面积为 S_1，应力波检测面积为 S_2，绝对误差为 W_1，相对误差值为 W_2。

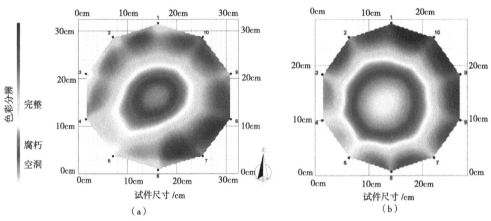

图 3-10　不同年代内部残损应力波二维检测图
（a）新松木试件；（b）旧松木试件

新旧材应力波检测面积与实际面积　　　　　　　　　　表 3-9

试件名称	S/cm^2	S_1/cm^2	S_2/cm^2	W_1/cm^2	$W_2/\%$
XS-1	749.53	249.84	219.34	30.50	-12.21
S-1	575.66	191.89	218.75	26.86	14.00

实验中，对东北硬木松新材和来自清代古建筑修缮时的替换构件进行不同年代的应力波检测，应力波二维检测图中对内部残损的显示较为准确，显示出内部残损类型为空洞，通过内部缺陷面积的计算，新旧材应力波判定的误差率分别为 -12.21% 和 14.00%，说明应力波虽然存在判别精度的误差，但对不同年代的判定不存在影响。

3.3.3 形状与内部缺陷大小

对试件 YM-1、YM-2 和 YM-3 进行不同内部残损形状及缺陷大小应力波检测（图 3-11、图 3-13 和图 3-15），检测结果见图 3-12、图 3-14 和图 3-16。

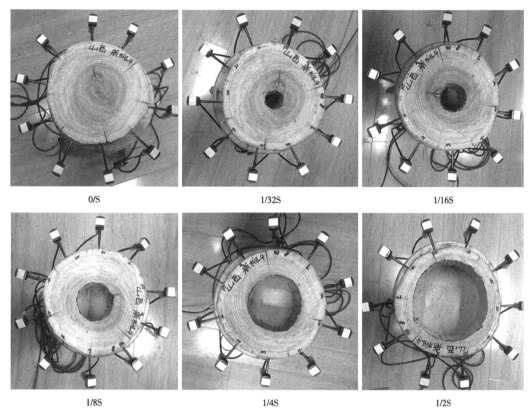

0/S   1/32S   1/16S

1/8S   1/4S   1/2S

图 3-11 YM-1 FAKOPP 应力波圆形空洞检测

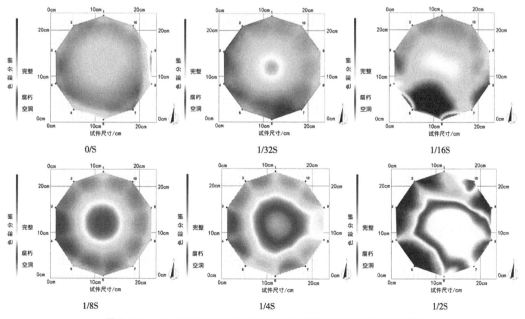

0/S   1/32S   1/16S

1/8S   1/4S   1/2S

图 3-12 YM-1 FAKOPP 应力波圆形空洞检测试验二维平面检测图

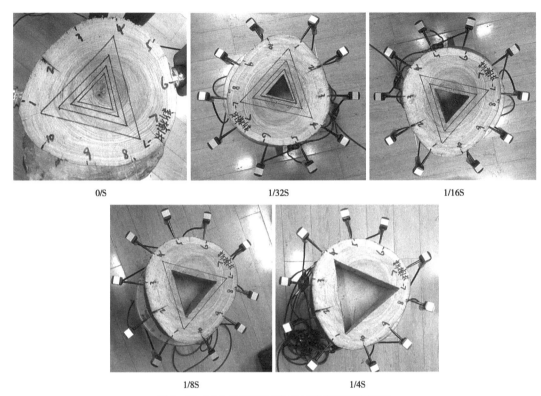

图 3-13 YM-2 FAKOPP 应力波三角形空洞检测

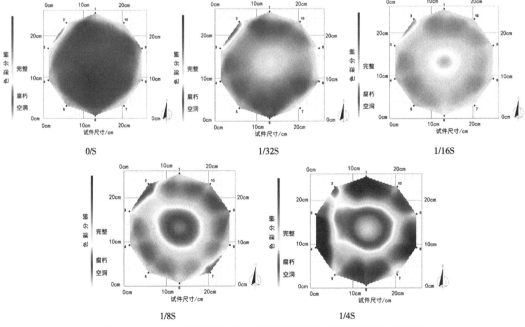

图 3-14 YM-2 FAKOPP 应力波三角形空洞检测试验二维平面检测图

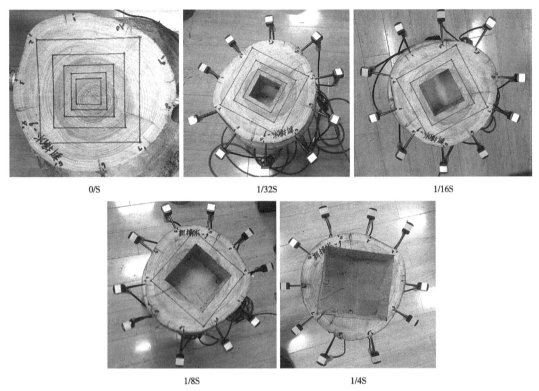

图 3-15 YM-3 FAKOPP 应力波方形空洞检测

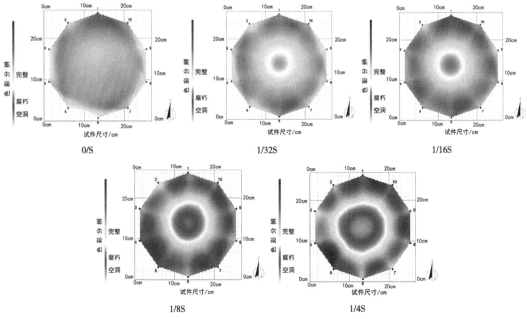

图 3-16 YM-3 FAKOPP 应力波方形空洞检测试验二维平面检测图

通过对图 3-12、图 3-14 和图 3-16 应力波二维平面检测图的观察，可知应力波对内部残损为圆形、三角形和方形的检测结果，难以精确显示其内部残损的各式形状。特别是当内部为方形时，检测结果与圆形极为相似。但当图 3-14 中内部缺陷在 1/8S 和 1/4S 时，二维平面检测图残损布局呈非圆形不均匀分布，残损渐变的方向与三角形外形的顶点方向一致。说明应力波对内部为方形的残损形状的判别不敏感，但对于圆形存在明显差异的形状，可在二维平面检测图中显示出内部残损分布不均匀的状态。

实际内部缺陷与检测缺陷对比　　　　　　　表3-10

试件名称	模拟空洞比例	检测面积/cm²	实际面积/cm²	误差值%
YM-1	0/S	0	0	0
	1/32S	3.90	12.20	-68.03
	1/16S	15.61	24.40	-20.01
	1/8S	58.55	48.80	19.98
	1/4S	109.30	97.59	12
	1/2S	202.98	195.18	4
YM-2	0	0	0	0
	1/32S	9.77	15.26	-36.01
	1/16S	24.41	30.52	-20.02
	1/8S	63.48	61.03	4.01
	1/4S	136.72	122.07	12
YM-3	0	0	0	0
	1/32S	10.27	16.05	-36
	1/16S	25.68	32.10	-20
	1/8S	71.91	64.21	12
	1/4S	138.69	128.41	8

通过表 3-10 的实验结果可知：FAKOPP 应力波对试件 YM-1、YM-2 和 YM-3 的内部检测试验可发现：当空洞在 1/32S 和 1/16S 时，应力波检测面积与实际空洞面积之间存在较大的误差值，最高误差值可达 -68.03%；当空洞不断扩大，检测面积与实际模拟空洞面积之间的误差值逐渐减小，空洞面积达到截面的 1/4 和 1/2 时，检测结果相对准确，最小误差值可达 4%。说明 FAKOPP 应力波对内部空洞较小的面积判别较弱。当内部缺陷较大时，应力波对内部残损的识别反应灵敏，将试件 YM-1、YM-2 和 YM-3 的应力波所测结果进行线性拟合（图 3-17）。榆木树种检测面积与实际模拟空洞面积之间的线性关系，即

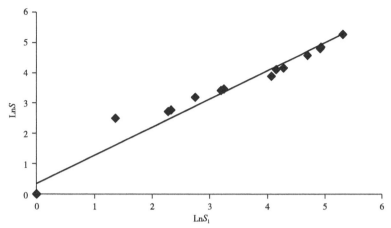

图 3-17　榆木试件检测面积与实际面积线性关系

$$\text{Ln}S = 0.9314\text{Ln}S_1 + 0.3444 \quad (R^2 = 0.9664)$$

式中　　S——实际面积；

　　　　S_1——图形模拟出的检测面积。

修正后建立的相关系数 R^2，在 0.9 以上，$\text{Ln}S$ 和 $\text{Ln}S_1$ 之间存在显著关系。

在检测过程中，对布设的应力波传感器敲击中，波速的传播路径可形成应力波二维平面线性图，图中每条线均反映两传感器间的传播时间，已知传感器间的距离可计算传播速度，对不同残损面积及形状的波速分析见图 3-18~ 图 3-20。

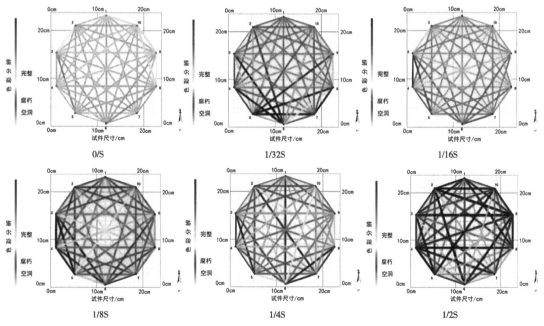

图 3-18　试件 YM-1 FAKOPP 应力波圆形空洞检测波速线性图

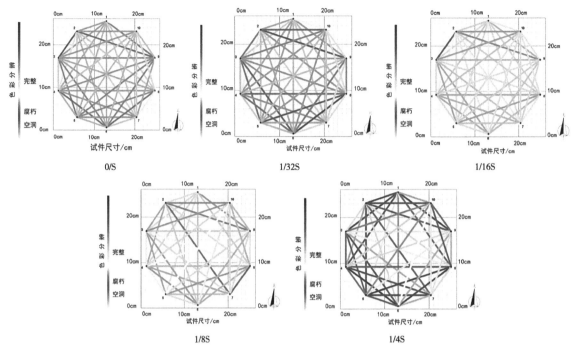

图 3-19　试件 YM-2 FAKOPP 应力波三角形空洞检测波速线性图

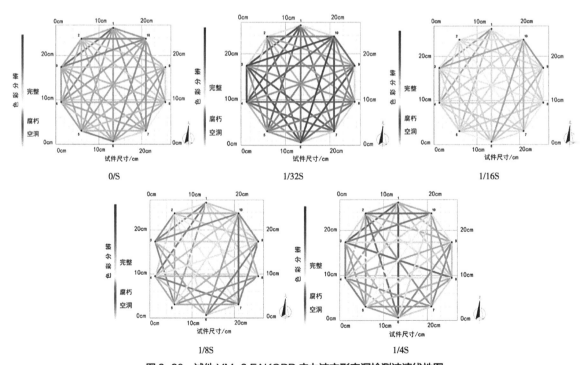

图 3-20　试件 YM-3 FAKOPP 应力波方形空洞检测波速线性图

通过观察应力波空洞检测波速的线性图可知，当试件内部不存在内部残损时（0/S）或存在残损面积占检测截面 1/32S 残损时，应力波检测的波速线性对圆形、方形和三角形内部残损显示均为绿色，表示内部材质健康，不影响传感器间波速的传播。当试件内部残损达到检测截面面积的 1/4S 和 1/2S 时，应力波空洞检测波速线性色彩非常丰富，呈黄色、红色和蓝色等。由图 3-19 可知，当内部空洞为圆形、方形时，波速线性图中反映出残损主要以 1~6 点的纵向路径最为严重，均匀向周边扩散。而当残损形状为三角形时，残损形状形成上窄下宽形式，以 2~7 点的弦向路径为最严重。说明随着试件内部材质的不断破坏，导致传感器之间的传播路径由直线变为绕行，经过残损部位的传播路径与未经过残损的传播路径波速形成了明显差异。

对试件的 10 个传感器进行两点间的数据采集路径分析，设 V_a 为相邻两点的波速，试件 YM-1、YM-2 和 YM-3 试件的每个残损级别下均采集十条 V_a 路径（V_{a1}：1 点 ~2 点；V_{a2}：2~3 点；V_{a3}：3~4 点……）；V_b 为相隔一点的波速，每个残损级别下同样均采集十条 V_b 路径（V_{b1}：1 点 ~3 点；V_{b2}：3~5 点；V_{b3}：5~7 点……）；V_c 为相隔两点的波速（V_{c1}：1 点 ~4 点；V_{c2}：4~7 点；V_{c3}：7~10 点……）；V_d 为相隔三点的波速（V_{d1}：1 点 ~5 点；V_{d2}：5~9 点；V_{d3}：9~3 点……）；V_e 为相隔四点的波速（V_{e1}：1 点 ~6 点；V_{e2}：2~7 点；V_{e3}：3~8 点……），采集路径示意见图 3-21。试件 YM-1、YM-2 和 YM-3 在不同残损面积下（0、1/32、1/16、1/8、1/4、1/2）检测截面共十六个，检测路径共采集 720 条。

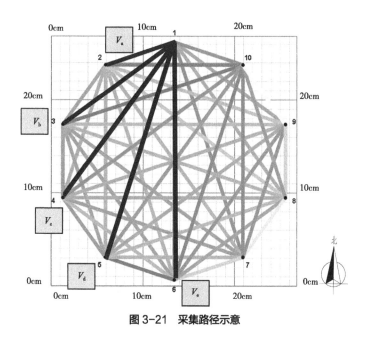

图 3-21　采集路径示意

分析中计算不同残损截面状况下 V_a、V_b、V_c、V_d 和 V_e 的平均值，将五条路径下的平均值与内部缺陷进行分析，其结果见图 3-22。

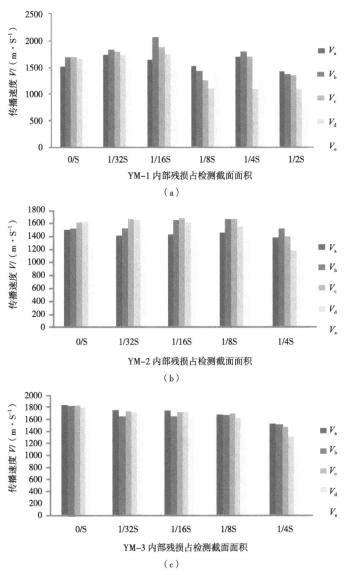

图 3-22　不同空洞及形状的应力波波速分析图
（a）MY-1 试件；（b）MY-2 试件；（c）MY-3 试件

根据柱状图 3-22 可知，不同内部残损面积大小和形状的试件波速变化是存在差异的，试件 MY-1 圆形空洞的波速数据显示：V_a、V_b、V_c 和 V_d 路径的波速在空洞为 1/32S~1/16S 时，传播速度随空洞的增大相对于试件原始（0/S）波速分别出现 8.39%、20.38%、10.64% 和 4.73% 的递增。V_e 路径的波速随空洞的不断增大（0/S、1/32S、

1/16S、1/8S、1/4S、1/2S），对比原始状态分别以 0.63%、2.49%、19.72%、21.347% 和 51.16% 的波速逐渐下降。

当内部残损为三角形空洞时，试验获取的波速数据显示 V_a、V_b、V_c 和 V_d 路径的波速在空洞为 1/32S~1/16S 时，由于内部残损面积较小，检测路径绝大多数未经过残损部位，故传感器间的传播速度不会显著下降。V_e 路径的波速随空洞的不断增大（0/S、1/32S、1/16S、1/8S、1/4S、1/2S），相比健康材的波速分别以 4.83%、8.84%、15.16% 和 37.13% 的波速逐渐下降。

试件 MY-3 方形空洞实验的波速数据同上，V_a、V_b、V_c、V_d 和 V_e 路径的波速衰减缓慢，V_e 路径中应力波传播的线路由直线变为弯曲线，致使传播时间增多，空洞不断扩大的情况下（0/S、1/32S、1/16S、1/8S、1/4S、1/2S），V_e 路径的波速对比健康材质波速递减最为突出，分别为 8.59%、9.12%、19.26% 和 37.25%。

3.3.4 位置及残损类型

现场木构件无损检测时，内部缺陷位置分为中部或边部，对试件 XS-1（芯材内部空洞）和 XS-2（边材内部空洞）进行应力波检测分析，残损面积以占检测截面面积的 1/3 为例（图 3-23）。

通过图 3-24a 可知，内部残损位置在试件中部，图 3-24b 可知，内部残损位置在试件边材。检测结果与实际模拟相同，说明应力波无损检测方法能够有效判别内部缺陷位置。对内部空洞和边材空洞的残损面积试验结果详情见表 3-11。

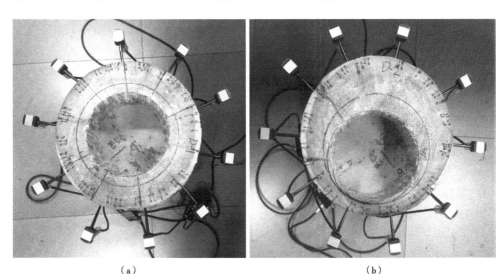

（a）　　　　　　　　　　　　　　　（b）

图 3-23　内部空洞——不同残损位置应力波检测

（a）芯材残损；（b）边材残损

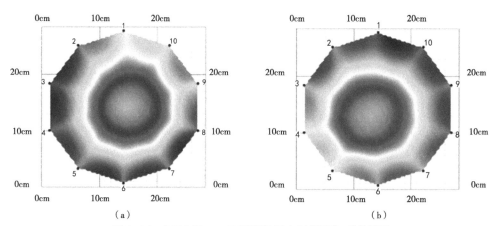

图3-24 内部空洞——不同残损位置应力波检测二维检测图

（a）芯材残损检测图；（b）边材残损检测图

边材和芯材内部空洞应力波检测面积与实际面积 表3-11

试件编号	构件来源	残损类型	残损位置	实际缺陷面积/cm²	检测面积/cm²	相对误差/%
XS-1	东北	空洞	芯材	191.60	201.18	5
XS-2	东北	空洞	边材	191.60	212.68	11

由表3-11可知，应力波对试件芯材和边材的内部残损检测面积相对误差是5%和11%，相对误差值较小。

对内部残损为虫蛀类型的试件进行检测，残损位置设于芯材和边材，传感器为10个，平均布设于周边（图3-25），检测结果见图3-26。

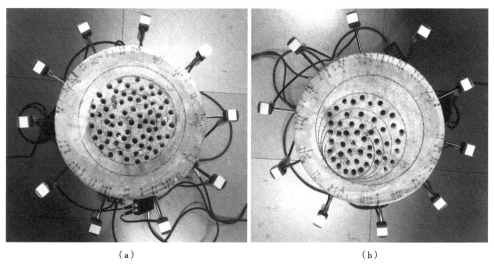

图3-25 内部虫蛀——不同残损位置应力波检测

（a）芯材残损；（b）边材残损

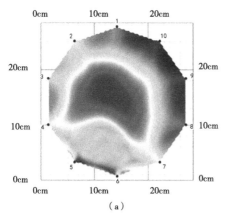
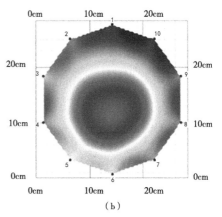

（a）　　　　　　　　　　　　　　　　　　（b）

图3-26　内部虫蛀——不同残损位置应力波检测二维检测图
（a）芯材残损检测图；（b）边材残损检测图

边材和芯材内部虫蛀应力波检测面积与实际面积　　　　　　　　　表3-12

试件编号	构件来源	残损类型	残损位置	实际缺陷面积/cm²	检测面积/cm²	相对误差/%
XS-3	东北	虫蛀	芯材	191.60	189.69	0.1
XS-4	东北	虫蛀	边材	191.60	206.93	8

通过图3-26可知，应力波对内部残损位置判别准确，但二维检测图中对虫蛀的显示为空洞，说明应力波检测结果对残损类型的判断存在分歧。

依据表3-12中的数据可见，在相同残损面积下，应力波对芯材和边材虫蛀检测面积的相对误差值均小于10%，能够作为对内部残损判别的检测方式。

3.3.5　含水率影响

古建筑木构件的材料为木材，木材的含水率受环境影响，置于潮湿环境中含水率相对高，在北方干燥地区，木材内部水分会不断蒸发。经调研发现，我国北方古建筑木构件含水率为12%左右，南方地区约为18%，华中约16%左右。含水率过低容易引起的古建筑开裂或变形，含水率过高会导致木构件生长霉菌或内部逐渐糟朽。试验中试件含水率设为12%、16%、20%、24%进行养护，恒温恒湿箱养护时间达到后，对试件进行探针式含水率测定（图3-27）。当含水率测定结果符合要求方可进行应力波无损检测，得到不同含水率情况下二维平面图和各传感器间相互连接的线形图（图3-28）。含水率与传感器间的传播速度关系见表3-13。

图3-27　含水率测试

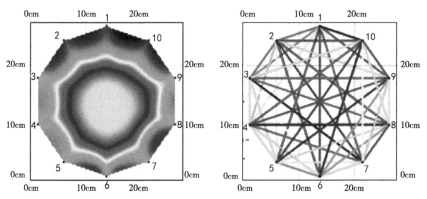

图3-28 12%含水率应力波检测图示意

含水率与平均传播速度检测数据　　　　　表3-13

试件编号	含水率/%	残损类型	残损比例	平均传播速度 m/s	试件编号	含水率/%	残损类型	残损比例	平均传播速度 m/s
SY-1	12	/	0	1412	SY-6	12	空洞	1/2	1158
	16	/	0	1357		16	空洞	1/2	1089
	20	/	0	1332		20	空洞	1/2	1062
	24	/	0	1323		24	空洞	1/2	1010
SY-2	12	空洞	1/9	1411	SY-7	12	虫蛀	1/9	1401
	16	空洞	1/9	1345		16	虫蛀	1/9	1362
	20	空洞	1/9	1339		20	虫蛀	1/9	1324
	24	空洞	1/9	1300		24	虫蛀	1/9	1070
SY-3	12	空洞	1/7	1333	SY-8	12	虫蛀	1/7	1377
	16	空洞	1/7	1293		16	虫蛀	1/7	1336
	20	空洞	1/7	1277		20	虫蛀	1/7	1261
	24	空洞	1/7	1229		24	虫蛀	1/7	1035
SY-4	12	空洞	1/5	1326	SY-9	12	虫蛀	1/5	1337
	16	空洞	1/5	1287		16	虫蛀	1/5	1286
	20	空洞	1/5	1221		20	虫蛀	1/5	1248
	24	空洞	1/5	1265		24	虫蛀	1/5	1074
SY-5	12	空洞	1/3	1325	SY-10	12	虫蛀	1/3	1142
	16	空洞	1/3	1241		16	虫蛀	1/3	1108
	20	空洞	1/3	1284		20	虫蛀	1/3	1081
	24	空洞	1/3	1230		24	虫蛀	1/3	1057

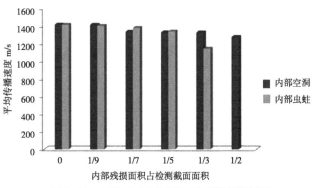

图 3-29 12% 含水率传播速度与残损面积关系

通过表 3-13 可知，在相同含水率的情况下，当试件内部残损为空洞或虫蛀时，应力波的平均传播速度会随内部空洞不断扩大而逐渐下降。以含水率为 12% 为例（图 3-29），当内部残损为空洞，残损面积占检测截面面积的 1/9、1/7、1/5、1/3 和 1/2，将各残损截面的平均传播速度分别对比健康材质试件的平均传播速度，下降百分比分别为 0.07%、5.59%、6.09%、6.16% 和 9.8%，说明内部材质的降解，应力波会沿其劣化边缘绕行传播，传播路径由初始的两点间直线距离变为曲线，传播时间加长，波速下降，由此可知在相同含水率下，内部残损面积与传播速度成反比。

将 10 个试件分别在 12%、16%、20% 和 24% 的波速进行采集，其平均波速共 40 个，建立相同残损面积与不同含水率的回归分析。

二者满足以下线性关系：

$$LnV=aLnM+b$$

式中 V——应力波平均传播速度；

M——试件含水率（M=12%、16%、20%、24%）；

a，b——调整系数。

不同含水率与应力波波速之间线性关系　　　　　表3-14

试件	残损特征	内部残损形状	含水率	回归方程	R^2
SY-1	/	/	12%、16%、20%、24%	$LnV=-0.0952LnM+7.0456$	0.9472
SY-2	空洞	圆形	12%、16%、20%、24%	$LnV=-0.1097LnM+7.0149$	0.9336
SY-3	空洞	圆形	12%、16%、20%、24%	$LnV=-0.1095LnM+6.9652$	0.947
SY-4	空洞	圆形	12%、16%、20%、24%	$LnV=-0.0893LnM+6.9941$	0.5998
SY-5	空洞	圆形	12%、16%、20%、24%	$LnV=-0.0843LnM+6.9991$	0.5476

续表

试件	残损特征	内部残损形状	含水率	回归方程	R^2
SY-6	空洞	圆形	12%、16%、20%、24%	$LnV=-0.0885LnM+6.654$	0.9813
SY-7	虫蛀	圆形	12%、16%、20%、24%	$LnV=-0.3423LnM+6.5583$	0.6936
SY-8	虫蛀	圆形	12%、16%、20%、24%	$LnV=-0.377LnM+6.468$	0.7703
SY-9	虫蛀	圆形	12%、16%、20%、24%	$LnV=-0.2849LnM+6.6186$	0.7899
SY-10	虫蛀	圆形	12%、16%、20%、24%	$LnV=-0.1111LnM+6.8058$	0.9988

通过表 3-14 可知，含水率与应力波传播波速之间存在线性关系，即 $R^2 > 0.5$ 时，随着含水率的逐渐变大，材质细胞膨胀，影响各传感器间的传播时间，时间增长导致波速下降，最终形成含水率与应力波传播波速成反比。

3.4 阻抗仪判别因素分析

3.4.1 内部缺陷径长

对旧榆木试件 YM-1（内部空洞）的阻抗仪检测。为检测阻抗仪对内部残损类型的判别，制作旧榆木试件 YM-4 内部残损为虫蛀，分别在试件内部无残损时及存在内部缺陷的情况下进行阻抗仪进针检测，检测路径为径向通过圆心，见图 3-30 所示。

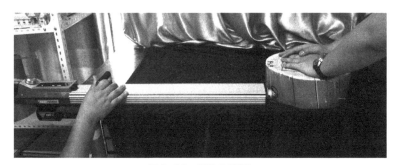

图 3-30　阻抗仪检测

IML 阻抗仪探针受到不同密度的阻力，生成相对阻力值，当试件内部材质是健康时，由于材质状况较好，密度较高，阻力值中对试件的早、晚材起伏显示明确，阻力值较高且变化不大，形状平缓相对阻力值无明显下降（图 3-31）。

当内部劣化达到整体截面面积的 1/32S 空洞时（图 3-32），探针的路径会因阻力值的突然下降而失去方向，出现探针的不稳定摆动，加上探针的进针、旋转速度不变，易造成探针的折断或偏离预期检测路径，当劣化面积 ≥ 1/32S 空洞时，IML 阻抗仪会

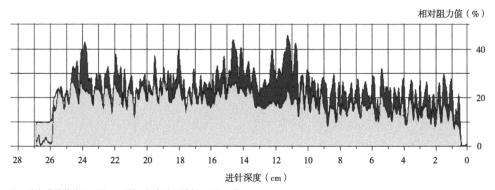

注：蓝色曲线值表示进针 feed 值，绿色表示旋转 drilling 值。

图 3-31　阻抗仪检测——内部材质健康

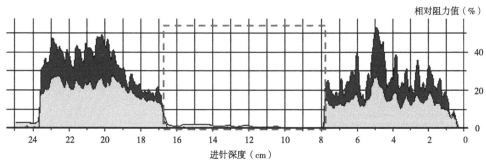

注：红色虚线内表示空洞残损位置。

图 3-32　阻抗仪检测——内部空洞

因空洞变大，较长路径失去相对阻力，从而形成自我保护，出现退针现象，导致试件无法采集内部劣化的信息。

当内部残损类型为虫蛀时，阻抗仪检测的结果显示，相对阻力值的波峰和波谷出现反复性的急剧下降（图3-33），这是由于经过虫蛀孔道的阻力值会急剧下降，之后又遇见木质素的连接导致阻力值回升，因虫蛀间尚且存在木质元素的连接，内部残损达 1/2 时，IML 阻抗仪依旧能对试件内部劣化信息采集成功。

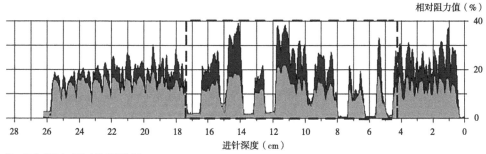

注：红色虚线内表示虫蛀残损位置。

图 3-33　阻抗仪检测——内部虫蛀

3.4.2 探针数量

为减少检测数值间的误差，对试件进行不同路径下阻抗仪的探针检测。以旧杨木 Y-1 内部空洞面积达到检测截面面积的 1/4 为例，检测路径及探针数量见图 3-34。

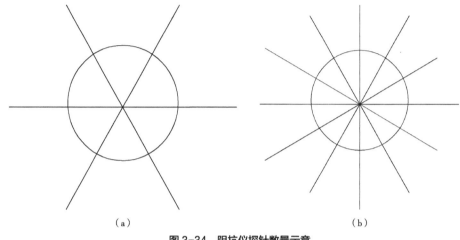

图 3-34 阻抗仪探针数量示意
（a）三探针；（b）六探针

将每次阻抗仪的相对阻力值采集后，利用 PD-Tools Pro 软件导入计算机拟合成平面，其三探针检测面积为 77.81cm²，与实际空洞值相比相对误差为 31.51%，六针检测面积为 91.79cm²，与实际空洞值相比相对误差为 19.14%。说明阻抗仪的探针数量与内部缺陷检测成正比，但在古建筑检测实践中为保护其原真性，多探针的阻抗仪检测难以实现。

3.5 木构件内部残损判别计算方法

3.5.1 二维图像对比分析

依据上述在无损检测时，应力波及阻抗仪的判别因素分析，可知应力波、阻抗仪无损检测方法具有便捷性、易操作性、检测结果可视化、内部残损面积量化等优势，但应力波和阻抗仪检测方法都存在不足之处。以旧木构件杨木 Y-1、Y-2，榆木 YM-1、YM-5 为例进行分析。试件养护含水率在 15% 以下，试件高度均为 100mm，采用人工挖凿及微钻蛀孔进行空洞和虫蛀内部残损模拟，内部残损面积占检测截面面积：1/32、1/16、1/8、1/4、1/2，表示残损的初期、中期和严重期。试验试件具体参数见表 3-15。

试验试件　　　　　　　　　　　　　　　　　　　　　表3-15

试件编号	树种	直径/mm	高/mm	含水率/%	模拟类型	检测高/mm
Y-1	杨木	231	100	9.4	空洞	50
YM-1	榆木	223	100	8.7	空洞	50
Y-2	杨木	345	100	9.7	虫蛀	50
YM-5	榆木	229	100	8.9	虫蛀	50

　　通过 FAKOPP 应力波检测发现，当内部缺陷较小时，应力波检测结果误差较大，随着内部缺陷面积不断扩大，应力波对内部缺陷面积及位置识别就越准确。当残损类型为虫蛀时，内部木质素没有完全破坏，因此应力波对虫蛀的面积判断较弱。依据应力波检测图对试件进行阻抗仪检测。

　　以试件 Y-1 和 YM-5 内部缺陷均达到整体截面 1/8 的径向（应力波传感器 1~6 点）检测为例，对比应力波和阻抗仪的二维图像检测图，可发现当内部为空洞时，应力波和阻抗仪的判定结果相同（图 3-35），应力波二维检测图显示内部存在红色，表明内部材质受损，但残损位置的边界模糊，无法明确判定。阻抗仪检测图中相对阻力值显著下降，检测路径中部存在较长距离的阻抗值为 0%，说明内部存在空洞，并且能够明确指出残损位置及长度。

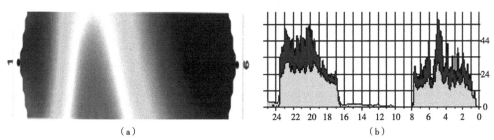

图3-35　Y-1（1~6点）两种无损检测二维图像对比
（a）应力波检测 Y-1 空洞试件；（b）阻力值检测 Y-1 空洞试件

　　当内部残损为虫蛀时，对比应力波和阻抗仪的二维图像发现，判定结果存在差异性（图 3-36）。应力波检测结果显示内部均为绿色，表示材质健康，而阻抗仪则显示在检测路径的中部相对阻力值的波峰、波谷呈锯齿状，同时相对阻力值落差值较大，可初步判定内部存在残损，残损类型为劈裂或虫蛀。劈裂特征表现在相对阻力值波峰与波谷值的落差较大，但落差具有非连续性。虫蛀特征表现在相对阻力值波峰与波谷值落差较大并伴有连续性。由此可定性为 YM-5 内部残损类型为虫蛀，但阻抗仪只反映单一检测路径的内部缺陷情况，无法以此判断整体截面内部残损。

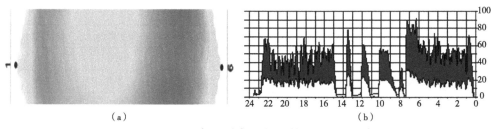

图 3-36 YM-5（1~6 点）两种无损检测二维图像对比
（a）应力波检测 YM-5 虫蛀试件；（b）阻力值检测 YM-5 虫蛀试件

面对二者检测结果的误差，提出将应力波和阻抗仪配合检测，综合评价二者检测结果，对古建筑木构件内部无损检测结果进行缺陷定性、组合预测内部缺陷量化值的研究。

3.5.2 内部缺陷面积对比分析

对试件进行不同缺陷面积的人工模拟（1/32、1/16、1/8、1/4、1/2），假设试件实际内部残损面积为 S_0，通过 ArborSonic 3D 计算应力波内部残损面积 S_1，阻抗仪为单路径，依据应力波二维检测图的结果初步判定残损区域，具有针对性地对试件进行阻抗仪检测，检测路径为该截面最大缺陷区域内的径向和两弦向，各路径相交，相交点为残损区域中点，形成不同残损长度（r_i，r_{i+1}，$\cdots r_n$），分别将试件相邻的边长相连接，闭合后形成 n 个不同面积的三角形，阻抗仪整体检测截面缺陷面积 S_2 计算公式为：

$$S_2 = \sum_{i=1}^{n-1} \times r_i \times r_{i+1} \times \sin \frac{360^{\circ}}{n} \qquad (1)$$

式中　S_2——阻抗仪整体检测截面缺陷总面积；

　　　n——缺陷边数；

　　　r_i——第 r_i 的缺陷长度。

两种无损检测方法对试件内部残损面积的检测结果见表 3-16，均存在一定误差。当试件内部残损面积较小时，S_0 与 S_1 的绝对误差值 Q_1 也不断提高。当试件内部残损面积大于检测面积的 1/4 时，绝对误差值 Q_1 逐渐减小，说明内部材质残损越大，应力波对残损面积检测精度越精确。当残损类型为虫蛀时，木质纤维破坏复杂，导致应力波在采集数据中造成影响，其检测精度低于内部空度检测精度。

阻抗仪对试件内部残损面积的判定中发现：随着残损面积的不断扩大，阻抗仪检测 S_0 与 S_2 的绝对误差值 Q_2 不断提高，说明当内部残损面积较小时，阻抗仪探针可按照规定的检测路径进行检测，随着内部残损面积不断扩大，探针的路径会因阻力值的突然下降而失去方向，出现探针的不稳定摆动，加上探针的进针和旋转速度不变，易造成探针的折断或偏离预期检测路径，最终导致 Q_2 值变大。

无损检测实验结果　　　　　　　　　　　　　　表3-16

试件编号	缺陷类型	缺陷比例	实际缺陷面积/cm²	应力波缺陷面积/cm₂	阻抗仪缺陷面积/cm²	组合预测缺陷面积/cm²	误差值		
							应力波/cm²	阻抗仪/cm²	组合预测/cm²
Y-1	空洞	1/16	26.13	37.22	21.34	24.20	11.09	4.79	1.93
		1/8	56.27	70.59	44.12	48.88	18.32	8.15	3.39
		1/4	104.54	124.64	95.02	100.35	20.10	12.52	4.19
	均值						16.50	8.49	3.17
YM-1	空洞	1/32	12.20	3.90	7.47	5.90	8.30	4.73	6.30
		1/16	24.40	15.61	18.02	16.96	8.79	6.38	7.44
		1/8	48.80	58.55	39.49	47.88	9.75	9.31	0.92
		1/4	97.59	109.30	88.08	97.42	11.71	9.51	0.17
		1/2	195.18	202.98	184.03	192.37	7.80	11.15	2.81
	均值						9.27	8.22	3.53
Y-2	虫蛀	1/32	29.13	15.93	28.17	23.27	13.20	0.96	5.86
		1/16	58.26	44.65	55.97	51.44	13.61	2.29	6.82
		1/8	116.52	101.53	104.20	103.13	14.99	12.32	13.39
		1/4	233.04	225.68	219.89	222.21	7.36	13.15	10.83
		1/2	466.09	471.57	449.68	458.44	5.48	16.41	7.65
	均值						10.93	9.03	8.91
YM-5	虫蛀	1/32	12.89	4.13	11.93	8.58	8.76	0.96	4.31
		1/16	25.77	10.94	22.68	17.63	14.88	3.09	8.14
		1/8	51.55	34.06	46.83	41.34	17.49	4.72	10.21
		1/4	103.10	107.24	87.57	96.03	4.14	15.53	7.07
		1/2	206.19	210.81	186.77	197.11	4.26	19.42	9.08
	均值						9.97	8.74	7.76

3.5.3　基于 Shapley 值组合预测残损模型

3.5.3.1　组合模型的建立

使用单一检测方法对内部残损面积检测时存在一定的误差值，将不同无损检测方法相配合，对检测结果进行综合评估，建立组合预测残损模型。

Shapley 值组合预测模型中，假设古建筑木构件无损检测中使用 n 种不同的检测方法分别进行预测，其检测结果存在 n 种，形成对该木构件内部残损组合预测模型为：

$$f_t = \sum_{i=1}^{n} K_i f_{it} \tag{2}$$

式中 f_t ——木构件内部残损组合预测模型的预测值；

f_{it} ——第 i 种内部残损检测的预测值，$i=1，2，\cdots n$；

K_i ——相对应第 i 种内部残损预测的权重，$i=1，2，\cdots n$，且 $\sum_{i=1}^{n} K_i = 1$。

3.5.3.2 最优权重计算方法

将 n 种不同的无损检测方法得出的误差值汇总后得出组合预测总误差，通过 Shapley 值分配各检测值的权重。设古建筑木构件采用 n 种无损检测方法进行检测，将检测结果进行组合预测，$I=\{1，2，\cdots n\}$，I 有任何子集 p，q（表示 n 种方法中的任一组合），$E（p）$ 和 $E（q）$ 表示各无损检测方法的内部缺陷误差，定义如下：

（1）对于 I 的任何子集 p、q，都有 $E（p）+E（q）\geqslant E（p \cup q）$；

（2）$p \subseteq I$，x_i 表示第 i 种无损检测方法在合作最终分摊的误差值，$x_i \leqslant E（i）$；

（3）由 n 种无损检测方法参与的组合内部缺陷面积预测产生总误 $E（n）$，将在 n 种预测方法之间进行完全分配，即 $E（n）=\sum_{i \in n} x_i$。

设第 i 种无损检测方法误差的绝对值的平均值为 E_i，组合预测的总误差值为 E，则有

$$E_i = \frac{1}{m} \sum_{j=1}^{m} |e_{ij}|，（i=1，2，\cdots n）；E = \frac{1}{n} \sum_{i=1}^{n} E_i \tag{3}$$

式中 m ——样本的个数；

e_{ij} ——第 i 种无损检测方法的第 j 个样本的误差绝对值。

Shapley 值法的权重分配公式为：

$$E'_t = \sum_{pi \in p} w（|p|）[E（P-\{I\}）] \tag{4}$$

$$W|P| = \frac{（n-|p|）!（|p|-1）!}{n!} \tag{5}$$

式中 $W|P|$ ——加权因子，表示组合无损检测中 i 应承担的组合边际贡献；

$P-\{I\}$ ——组合中去除模型 i；

I ——参与组合预测的某个无损检测预测模型；

P ——i 中的任何子集；

$|p|$ ——组合中的预测模型的个数。

由公式（4）（5）得出组合预测中各预测方法权重计算公式：

$$w_i = \frac{1}{n-1} \cdot \frac{E-E_i}{E}, \quad i=1, 2, \cdots n \qquad (6)$$

古建筑木构件内部残损通过肉眼难以识别，传统的目测、敲击等方法难以判定残损类型以及量化内部残损面积。本章利用东北新材以及古建筑维修时更换下的旧木材料，通过实验室逆向试验研究应力波和阻抗仪无损检测，提高检测精度，为古建筑木构件工程的修缮和加固方案提供有效的技术支持。

（1）通过对不同树种（硬木松、榆木、杨木和杉木）、年代（新材和旧材）的应力波无损检测，发现应力波检测结果虽存在误差，但能够反映试件内部材质受到破坏存在一定的残损，不会因树种或材料伺服年限不同而影响无损检测精度。检测精度的影响因素主要来源检测路径中对内部缺陷的识别。

（2）应力波对内部残损形状的判断多为圆形，残损边界较为模糊，残损形状判别存在误差。在残损面积的判定试验中发现，当残损面积小于检测截面面积的1/16时，FAKOPP应力波检测误差值较大，随着内部残损面积的不断扩大，检测面积与实际面积之间的误差值逐渐减小，最小误差值可达4%。对检测结果进行线性拟合，检测面积与实际模拟残损面积之间存在显著的线性关系，且 $R^2 > 0.9$。同时内部残损面积影响了应力波传播速度，当应力波通过残损部位，传播路径变长，波速降低，通过面积及波速衰减状况，对内部残损的判定能更全面地分析应力波检测结果。

（3）试件边材或芯材发生残损时，应力波二维检测图能够有效判别内部缺陷位置。当试件内部残损类型为虫蛀时，木质素未完全破坏，应力波传播路径受到影响，导致对内部残损类型、面积的判别易产生误差。

（4）在相同含水率下，试件内部残损面积与传播速度成反比，相同残损面积不同含水率（12%、16%、20%、24%）时，试件含水率与应力波传播速度成反比，说明应力波检测结果受含水率影响，通过线性分析含水率与应力波传播波速之间存在线性关系，$R^2 > 0.5$。

（5）阻抗仪无损检测对试件内部的残损类型定性，能明确具体残损部位及残损尺寸，但阻抗仪检测面对内部残损为空洞时，内部缺陷径长过大，探针偏移检测路径，形成检测误差。因此阻抗仪检测结果只体现该单路径下的材质状况，无法综合评价整体截面。

（6）将应力波和阻抗仪无损检测配合使用，采用Shapley值权重分配法来确定应力波和阻抗仪各检测值的权重，构建组合预测模型。通过对杨木、榆木试件的检测发现，组合预测模型的检测精度高于单一的检测结果，应用Shapley值方法，能够有效为古建筑木构件工程的修缮和加固方案提供有效数据支持。

第4章　小试件木材材质性能无损检测研究

　　木结构建筑是我国古建筑的主流，根据调研及文献阅读发现，古建筑有明清、宋元乃至更久远年代的木结构古建筑遗存下来，从使用年代或存在年代计算，现存的古建筑少则上百年，多则近千年。木结构中木材是一种生物高分子材料，木材的含水率是评估古建筑硬度、强度以及干缩的重要指标，木材的弹性模量、抗弯强度和顺纹抗压强度是评价木材力学性能的基本参数。木材荷载作用下，其抗压、抗弯等能力，是木材天然属性的一种重要考量。古建筑受时间变化、自然环境以及人为活动的破坏等因素导致力学强度衰减。

　　目前，不同树种物理力学性质的理论或试验，国内外均有不同程度的研究，针对古建筑传统的木材力学性能检测主要分为现场检测和试验室检测。现场检测主要依靠肉眼观测和个人经验来评定，与木构件的物理力学性能实际值相差较大。试验室检测则将现场获得的试样加工成物理力学性能试件，并进行破坏性试验来获得木构件的物理力学性能。这种检测方法试验时间长、条件苛刻，是一种破坏性检测方法，且所测试的试件并不能真实地代表现场木结构构件，导致其预测值亦与实测值存在一定差别，同时与古建筑木构件的预防性理念以及需要保护建筑自身的原真性相悖。为了满足古建筑木构件物理力学性能检测需求，需要在不破坏木构件的前提条件下，探讨一种适用于现场快捷、准确可靠的无损检测技术和方法。

　　在传统方法的基础上，采用应力波和微钻阻力仪无损（或微损）检测技术，能够快速有效、简单且准确地预测木构件的材质性能，包括密度、顺纹抗压强度、抗弯强度和抗弯弹性模量，为评估古建筑木结构材质提供定量且可靠的评估方法。研究成果将为古建筑木结构的保护和修缮提供更可靠的科学依据。

4.1 材质性能树种选择

材料选择北京吕祖宫（图 4-1）、山西观音堂（图 4-3）和安徽黄山"百村千幢"古民居古建筑（图 4-5）修缮期间拆解替换的古建筑木构件作为旧试件，加工试样前，从试验材料上取样并对其进行三切面树种鉴定，以便更明确各试件的树种。

木构件是由许多细胞组成，树种鉴定方法存在传统辅助识别、宏观识别和微观识别。传统辅助识别方法通过视觉观察、手触摸、嗅觉等方法观察颜色、纹理、气味等，以此作为判别木构件种类的辅助识别。宏观识别借助肉眼识别或借助放大镜，通过观察木材宏观构造特征，识别木构件。微观识别主要通过显微镜，观察木构件微观识别细胞组织，检测依据国家标准《中国主要木材名称》GB/T 16734—1997[140] 和《中国主要进口木材名称》GB/T 18513—2001[141] 鉴定树种。

本章节试验材料的树种鉴定首先通过：1）现场对当地居民、传统工匠的走访调研以及观察木构件纹理、气味等获取初步木构件种类；2）将样品送实验室进行横向、径向和弦向三切面的切片检测（图 4-2、图 4-4、图 4-6），取样部位为样品端部，本章实验室树种鉴定地点在中国林业科学研究院进行。

图 4-1 北京树种鉴定试样

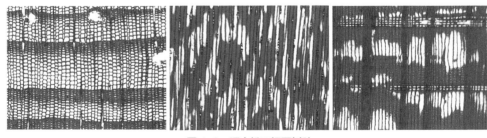

图 4-2 硬木松三切面树种

图 4-3 山西树种鉴定试样

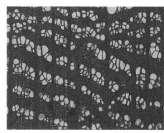

图 4-4　榆木三切面树种鉴定

图 4-5　安徽树种鉴定试样

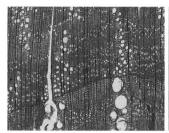

图 4-6　杉木三切面树种鉴定

　　经三切面树种鉴定，其北京地区吕祖宫为硬木松，山西地区观音堂为榆木，安徽地区黄山"百村千幢"民居古建筑为杉木，将以上三种不同区域、不同树种的木材作为本试验的树种材料。

4.2　材质性能试件加工

　　对北京吕祖宫、山西观音堂、成汤王庙、安徽黄山"百村千幢"民居古建筑拆卸下的旧梁柱木构件进行试件加工。试件通过木构件类堆、去污除钉、构件解锯、试件分割划线、初步成型、端头齐平、试件剖光、码齐划线、试件标号、按树种分批装袋等工序进行加工制作（图4-7）。在试件加工中，存在残损或瑕疵部分均剔除在外，确保制作无瑕标准件。为对比新旧材是否存在差异，依照选取旧构件的树种，新材同样选取硬木松、榆木和杉木作为此次试验试件。

图4-7 标准件加工

（a）木构件类堆；（b）去污除钉；（c）构件锯解；（d）试件分割划线；（e）初步成型；（f）端头齐平；

（g） （h）

（i） （j）

图 4-7 标准件加工（续）
（g）试件剖光；（h）码齐划线；（i）试件标号；（j）试件分批装袋

试件加工前，不同木构件间存在较大含水率差异，制作完毕后将其放置在温度为 20℃，空气相对湿度为 65% 的实验室进行 3 个月的养护，加工时预留干缩余量，使试件的气干含水率达到 12% 后进行测试。

依据《木材密度测定方法》GB/T 1933—2009[142]、《木材顺纹抗压强度试验方法》GB/T 1935—2009[143]、《木材抗弯弹性模量测定方法》GB/T 1936.2—2009[144]，将木构件锯解划线后，试件的总尺寸为 20mm（径向）×20mm（弦向）×450mm（纵向），其中 20mm（径向）×20mm（弦向）×30mm（纵向）作为顺纹抗压强度检测，20mm（径向）×20mm（弦向）×20mm（纵向）作为木材密度检测，20mm（径向）×20mm（弦向）×300mm（纵向）作为木材抗弯弹性模量及抗弯强度检测，其余 100mm（纵向）作为阻抗仪检测区域及试件收缩预留。

制作旧硬木松小试件 131 件，新硬木松小试件 131 件；旧榆木小试件 146 件，新榆木小试件 64 件；旧杉木试件 160 件，新杉木试件 106 件。

4.3 试验设备及方法

4.3.1 无损检测及方法

4.3.1.1 纵向应力波无损检测

利用木试件的声学特性，是应力波无损检测的物理基础，木试件一端受到敲击（机械作用），其内部产生应力波（机械波）的传播。试验选用具有两传感器的 FAKOPP 纵向应力波设备，通过传播时间和传播速度的变化判断木材的材性，预测木材的动弹性模量，从而预测木材的性质。

试验时，先将应力波测量仪的传感器端部以 45° 的形式钉进检测试件两端，利用检测锤敲击传感器的发射端，试件内部会产生应力波，另一端的传感器接收到信号后，仪器将显示应力波传播的时间（单位：us）。

现场试验二人配合，敲击传感器及对传播时间的记录。第一次敲击的传播时间作为无效数据，再次连续敲击测定三次，取其平均值作为测定结果。由已知两传感器之间的距离，可求得应力波传播速度 $V=L/t$（L 为两传感器间的距离，t 为测定传播时间）。

4.3.1.2 阻抗仪无损检测

试验使用德国产的 IML 微钻阻抗仪，以恒定速率钻入木材内部，进针速度分为旋转速度和纵向速度，分别为 5000r/min 和 200r/min。开启阻抗仪后进针与木材产生相对阻力值。在测定过程中，将阻抗仪垂直于试件年轮方向。为减少数据的离散性，对相对阻力值采集时采集路径分别为试件两端部，仅在木材上留下 3mm 左右的空洞，分别取得 AF_1 和 BF_2，取其平均值定为该试件的相对阻力值。

4.3.2 物理力学试验设备及方法

木构件的物理力学性能检测包括气干密度、顺纹抗压、抗弯强度及抗弯弹性模量，为避免试验材料不同而存在的离散性，物理力学实验所用材料与无损检测的材料相同。

4.3.2.1 试件密度检测

试件密度主要为被测物体单位体积试件的重量，通常以 g/cm^3 或 kg/m^3 表示。密度是反映木材性质的重要指标，根据它估算木材的实际重量，推断木材的干缩、膨胀、硬度、强度等木材物理力学性质。影响木材密度大小受木材截取位置、木材含水率、细胞壁的厚薄、年轮的宽窄等因素的影响。

试样尺寸为 20mm（径向）×20mm（弦向）×450mm（纵向）。因试件二次锯解存在误差，故将新、旧材无疵小试样进行长、宽和高度测量，在数据采集中对试件的

宽度 w 和高度 h 分别测量试件两端部及中部，以三个部位的平均值作为该试件的宽度和高度，即 $w=1/3$（$w_1+w_2+w_3$），$h=1/3$（$h_1+h_2+h_3$），精确至 0.01mm（图 4-8a）；测量工具选用游标卡尺，同时用精密电子称称出试样质量精确至 0.01g（图 4-8b），依据 $P=M/V$（M：试件物质质量；V：试件体积）计算出每个试件的密度。

（a） （b）

图 4-8 试件密度测量
（a）游标卡尺测量；（b）质量称重

4.3.2.2 恒温恒湿箱含水率检测

利用游标卡尺测量试件的尺寸，试样尺寸为 20mm（径向）× 20mm（弦向）× 20mm（纵向），对试件精确至 0.01mm；用精密电子称称出试样质量精确至 0.01g，计算每个试件的密度。含水率的测定是依据国标《木材含水率测定方法》（GB/T 1931—2009）进行。将试样放入恒温恒湿箱中，在温度为 103℃ 下烘至绝干状态进行测量（图 4-9），并计算试样的含水率。

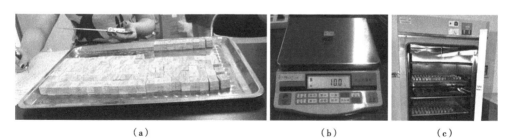

（a） （b） （c）

图 4-9 试样含水率检测
（a）游标卡尺测量；（b）质量称重；（c）试件恒温恒湿养护

4.3.2.3 顺纹抗压检测

木构件受上部压力易导致压缩变形破坏，当外部施加的力与木材纤维方向平行时，承受压力荷载的最大能力被称为顺纹抗压强度。本实验顺纹抗压强度的检测依据国家标准《木材顺纹抗压强度试验方法》GB/T 1935—2009 进行。试件尺寸为 20mm（径向）×20mm（弦向）×30mm（纵向）。顺纹抗压试验所用设备为美国 instron 公司生产的万能力学试验机，型号为 instron 5582 系列。试件与木材纤维方向平行的方向放置于试验机支座平面中心，以均匀速度加载，加载速率为 3mm/min（图 4-10）。

图 4-10　顺纹抗压检测

4.3.2.4　抗弯强度检测

抗弯强度主要反映被测物体抵抗弯曲不断裂的能力，判定被测物脆性材料的强度，抗弯强度分为三点弯曲和四点弯曲。本次试验采用三点弯曲，采用中央加载（图 4-11），试验抗弯强度测定主要依据国家标准《木材抗弯强度试验方法》GB 1936.1—2009，试样尺寸均为 20mm（径向）×20mm（弦向）×300mm（纵向）。试验含水率为 $w\%$ 时的抗弯强度，按式（1）计算，准确至 0.1MPa。

$$\delta_{bw}=3P_{max}l/2bh^2 \tag{1}$$

式中　　δ_{bw}——含水率是 $w\%$ 时的抗弯强度，MPa；

P_{max}——破坏荷载，N；

l——两支座间跨距；

b——试件宽度；

h——试件高度。

4.3.2.5　抗弯弹性模量

试件受力弯曲时，在比例极限应力内，根据荷载与变形的关系确定试件抗弯弹性模量。试验依据国家标准《木材抗弯弹性模量测定方法》GB 1936.2—91 进行，抗弯强度和抗弯弹性模量的试样尺寸均为 20mm（径向）×20mm（弦向）×300mm（纵向）。试验所用试验机为美国 instron 公司生产的万能力学试验机，型号为 instron 5582 系列。以均匀速度进行加载，加载速度设定为 1mm/min，为保证加荷范围不超过试件自身的比例极限应力，在试验前随机选择 3 个试件进行观察试验，获取荷载—变形图，依据直线范围内确定上下限荷载值。

将试件放在试验装置的支座上，测试跨距为 240mm，径向加载并在 2~3min 内使试样破坏，试样抗弯弹性模量的检测则采用四点弯曲法进行（图 4-12）。

图4-11　抗弯强度检测

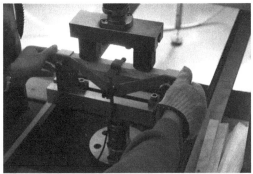
图4-12　抗弯弹性模量检测

4.4　材质性能无损检测预测分析

4.4.1　相对阻力值对密度预测

木材为多孔性物质，受各生长区域含水率、细胞壁厚度、年轮宽窄等不同影响，从而造成各树种密度不同。密度是木材的基本物理特性之一，主要指木材细胞物质的密度，用于预测木材的其他物理力学性能。本次试验使用德国IML-PD500阻抗仪进行数据采集（包括旋转速度相对阻力值F_1、进针速度相对阻力值F_2）。因采集位置为A和B两个部位，故本次测试旋转速度相对阻力值F_1和进针速度相对阻力值F_2分别为A和B的均值。试验选取新材，树种分别为北京硬木松、山西榆木和安徽杉木。通过精密电子称得出各试件物质质量及密度，密度与微钻阻力之间的关系如下图4-13~图4-15。

根据上述试验结果，得出北京硬木松、山西地区榆木和安徽杉木试件的密度与旋转速度相对阻力值F_1关系为：北京硬木松$P_1=0.0109F_1+0.4508$（$r^2=0.4988$）；山西榆木

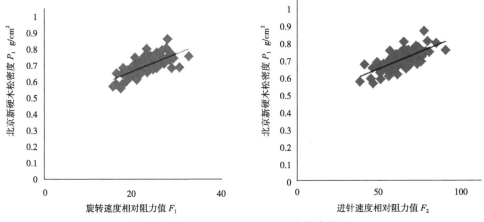

图4-13　北京新硬木松微钻阻力值与密度关系

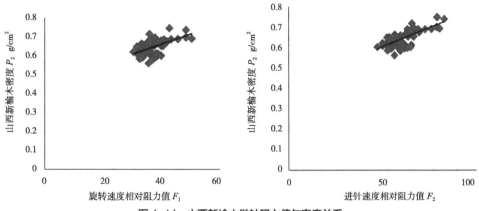

图4-14　山西新榆木微钻阻力值与密度关系

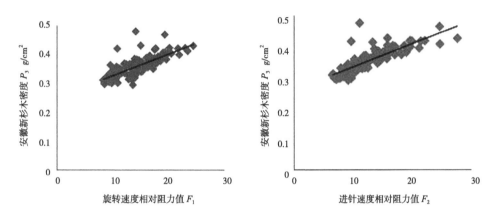

图4-15　安徽新杉木微钻阻力值与密度关系

$P_2=0.0052F_1+0.4548$（$r^2=0.3087$）；安徽杉木 $P_3=0.0077F_1+0.2471$（$r^2=0.5793$）。北京硬木松、山西地区榆木和安徽杉木试件的密度与进针速度相对阻力值 F_2 关系为：北京硬木松 $P_1=0.0039F_2+0.455$（$r^2=0.5085$）；山西榆木 $P_2=0.0038F_2+0.4144$（$r^2=0.5278$）；安徽杉木 $P_3=0.0056F_2+0.2619$（$r^2=0.6561$）。由此可知旋转速度相对阻力值 F_1 和针速度相对阻力值 F_2 均与密度存在显著的正相关性。根据实验结果可知，采用进针速度对应阻力值 F_2 能够更好地预测试件的密度，其决定系数 r^2 均大于 0.52。因此可说明，微钻阻力值的进针速度相对阻力值 F_2 用于快速预测木材密度是可行的。

4.4.2　抗弯弹性模量（MOE）预测

木材在弹性变形阶段产生应力和应变，应力和应变的比例系数称为弹性模量，弹性模量的功能主要用于对检测物体在荷载下的变形和安全荷载阀值。抗弯弹性模量是木材力学性能的重要指标之一，与其密度类似，往往被作为基本变量用来预测木材其他强度力学性能指标。

根据文献研究发现，抗弯弹性模量与应力波传播速度及木材密度有显著的相关性，公式为：

$$E=PV^2 \tag{1}$$

式中　E——弹性模量，Pa；

　　　P——试件密度，kg/m²；

　　　V——应力波的波速，m/s。

由试验结果可知，试件密度与进针速度相对阻力值 F_2 均有显著的相关性。相对阻力值 F_2 和应力波传播速度 V^2 形成波阻模量，FV^2 作为主要影响因素来预测试件抗弯弹性模量。试验选用北京、山西和安徽的典型树种，为防止新材在含水率及使用年限木构件存在差异性，试验分别对新材和旧材进行线性回归分析，拟合公式为：

$$M_x=A \times FV^2+B \tag{2}$$

式中　M——抗弯弹性模量；

　A 和 B——拟合参数。

通过力学试验机能够较为准确地对试件的抗弯、抗压等参数进行检测，但试件试验后均被破坏，用于古建筑木构件的检测中必然破坏构件的原真性、使用性，且设备庞大不适于古建筑现场使用。利用无损检测设备，通过建立试件密度与阻抗仪相对阻力值（旋转阻力值 F_1 和进针阻力值 F_2）之间的关系，形成波阻模量（FV^2），继而对力学性能的抗弯弹性模量、压弯强度、顺纹抗压强度进行预测。通过对北京、山西、安徽三个地区小试件力学试验机的无损检测试验、分析，可以得到以下结论：

（1）通过试件养护及测量得出各试件的密度，建立密度与旋转阻力值 F_1、进针阻力值 F_2 之间的关系，对检测数据线性拟合发现，不同地域、不同树种（北京硬木松、山西榆木、安徽杉木）的旋转阻力值 F_1 与密度之间虽存在正相关性，但 $R^2 \leq 0.51$，进针阻力值 F_2 与密度之间相关性较大，$R^2 \geq 0.52$，为古建筑木构件密度判定提供新的方法。

（2）依据物理力学，对南北方区域的新旧材抗弯弹性模量、抗弯强度和顺纹抗压量考察，将密度值更换为阻力值 F_2 代入式中计算，得出利用无损检测方法（应力波和阻抗仪）取得的波阻模量（FV^2）与实际抗弯弹性模量、顺纹抗压存在正相关性，能够利用无损检测技术完成对木构件材性评估。

（3）利用应力波传播速度和阻抗仪的相对阻力值两者相结合的方法，得出北京、山西和安徽古建筑常用树种的小试件波阻模量（FV^2）与各力学指标的关系，为日后古建筑木构件的安全性评估提供新的方法。

第5章 木构件剩余承载力预测试验研究

我国木结构古建筑在布局、营造技艺等方面具有明显的独特性，拥有极高的历史、艺术和科学价值，以上价值取得的前提是必须确保木结构具有足够的承载力，保证其安全性。现存古建筑有上百或上千年的历史，其柱网结构是主要承重构件，因木材属生物材料，具有异向性，破坏特征与其他建筑材料（砖块砌体、混凝土、钢材等）有所不同，在使用过程中受光照、温度、湿度等因素的影响，木材容易老化或受到各种微生物的侵害，最终导致木构件除干缩、变形外，还可造成构件虫蛀、糟朽、空洞等不同程度的残损。不仅严重影响古建筑外观，同时随着时间的推移其自身的残损也会不断扩大，古建筑木结构材质性能发生衰退，继而力学强度衰减，严重时会危及整体结构的安全或发生倒塌。传统目测法难以识别古建筑内部缺陷状况及承载力，同时木结构体量大、结构复杂不易拆解及组装。因此，采取无损检测的方法对木构件梁、柱剩余承载力预测是亟需解决的问题，同时也是对古建筑木构件预防性保护的关键技术研究。

传统力学实验对剩余承载力的检测，需要通过实施古建筑木构件的落架，但物理力学试验会破坏构件的原真性以及使用功能。无损检测技术可在不破坏建筑外观及力学性能的前提下进行检测，从本书第3章可知，运用应力波和阻抗仪，可通过检测图直观地对木构件内部缺陷位置、面积等进行判别，同时在第4章节通过对小试件的材质性能试验可知，波阻模量与材质性能存在显著的相关性。基于以上结论，建立无损检测方法，对木构件抗压、抗弯的剩余承载力的预测方法，可以快速评估古建筑木构件安全性是否有效及可行性。

5.1 木构件荷载破坏试验

5.1.1 试验设计

5.1.1.1 试验材料选择

本次试验选取的树种为古建筑木构件常用树种杨木，产地源于中国东北林场的新材。为减小试验结果因树皮、树节及边材裂缝而造成的影响，试件加工时对试件去皮、除疤等，确保各试件材质相同。

5.1.1.2 试件养护

实验原材料为新材，故含水率含量较高，利用探针式含水率仪进行检测，试件含水率均在 30% 以上，试件制作完毕将其放置在温度为 20℃、空气相对湿度为 65% 的实验室为期 3 个月的养护，至试件含水率为 12%，使试件与古建筑木构件实际含水率相近后进行试验。

5.1.1.3 试件设计

试件参考《清式营造则例》大式建筑的尺寸，建立缩尺比例的木柱构件进行竖向加载试验。柱径与柱高的比例定为 1：10，柱头设榫卯结构。依据《木结构古建筑维护与加固技术规范》（GB 50165—92）中承重木梁枋残损点的检测及评定，对木柱试件的端部进行人为破坏模仿试件内部残损，残损位置为柱底部破坏，假设残损类型芯材空洞，残损截面占试件总截面的 1/3 和 1/2，残损类型边材缺损时，残损截面占试件总截面的 1/5、1/4 和 1/3。

5.1.2 检测设备

木构件荷载破坏试验所用设备为液压式压力机，通过液压泵转换为液压能，操作控制元件将液压能转化为机械能传递至工作台面对试件进行检测（图 5-1）。在液压式压力机工作台前 1.5m 处设立投线仪，通过投射在试件垂直和水平的可见激光观察试件荷载前后的变形状况（图 5-2）。

5.1.2.1 检测方案

将液压式压力机工作台面擦拭、除污确保洁净，机床运行无异常声响，液压尤为充足。柱底为残损截面，将试件放于平台中部，操作液压式压力机前保持油量适当，液压表显示正常，操作控制机构灵活。开启电源，手持控制液压式压力机，至试件明显破坏或荷载下降至极点后停止加载。加载过程中，记录试件上、中、下部的变形尺寸及破坏形式。

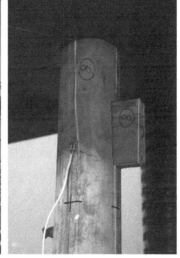

图 5-1　液压式压力机　　　　图 5-2　投线仪投射红外线

5.1.2.2　试验结果分析

（1）破坏肌理分析

对试件进行检测后，发现残损类型、位置及大小不同有以下几种破坏类型：

1）当试件为健康材时，试件 H-1 经过不断加载，柱头发生偏移，当加至最大荷载后，试件两端部材质未出现明显破坏，但在榫卯节点处出现弯曲破坏，木材随卯口下端呈斜状压缩变形，破坏肌理属于弯曲破坏（图 5-3）。

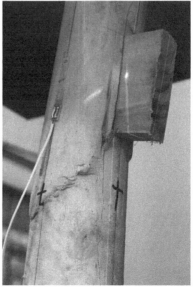

图 5-3　试件 H-1 破坏肌理

2）当试件残损类型为芯材空洞、残损高度为 50~100mm 时，随着芯材空洞的增大，试件外部虽不发生显著变形，但柱底出现褶皱，持续荷载褶皱处出现竖向裂缝，榫头完好。当残损高度为 150mm 时，试件底部材质受损深度较大，出现竖向裂缝，在受损截面出现弯曲，试件发生变形后持续加载致使柱上端的榫卯挤压发生变形。当内部残损面积相同，且残损面积小于或等于 1/3 时，残损高度不同，对各试件的破坏未出现明显差异；当内部残损面积相同，残损面积大于或等于 1/3 时，残损高度不同，会导致试件破坏肌理产生差异，说明横截面材质的完整性直接影响木构件的承载力，而芯材材质在高度破坏的情况下，当内部材质破坏较为严重时会影响木构件的位移、变形（图 5-4）。

图 5-4　残损高度为 50~100mm 芯材空洞破坏肌理

3）当试件残损类型为边材缺损时，试件缺损截面相同但高度不同时，加载后木材均会出现纤维撕裂及柱端褶皱现象，柱头榫卯节点受压变形，导致卯口一端处有扩裂（图 5-5）。即试件边材缺损面积大，缺损高度较低时，加载至极限时试件变形也较小。

当缺损高度升高并伴有缺损截面不断扩大（缺损面积大于或等于 1/3），试件的破坏肌理主要表现为：柱中部弯曲，试件外部纤维断裂；柱端受压扭曲，榫卯严重倾斜，伴随着"砰砰"的响声；受柱体垂直挤压，榫头沿木质纤维开裂（图 5-6）。说明当木构件边材的横截面缺损较小时，构件的荷载及变形受缺损高度影响较小，当木构件边材的横截面缺损较大时，随着缺损高度的升高，构件破坏肌理越严重。

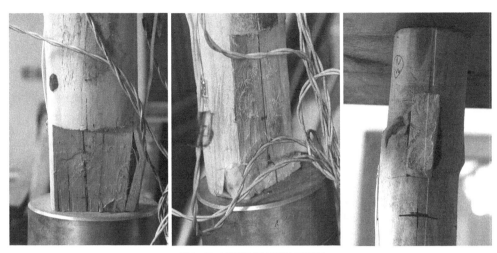

图 5-5 不同缺损高度破坏肌理

图 5-6 不同缺损面积的木构件破坏肌理

（2）变形分析

对试件 H-1~H-16 加载试验中，承载力出现大幅度下降或位移变形过大，导致不能进行承载时停止加载，通过投线仪及钢尺的测量，分别记录试件变形数据，变形数据截取位置为该试件变形最大的部位。

通过试验观察及数据分析得知，当试件残损类型为芯材空洞时，试件外部无损，上下承载截面平整，试件加载至极限时整体变形较小；当试件残损类型为边材缺损时，因木柱底端受力面积减小，加载至极限时容易发生中部弯曲、榫卯节点处严重变形等现象。

对试验过程中采集的数据进行分析，当试件内、外部均无残损时（H-1），试件变形主要出现榫卯节点弯曲变形，与试件榫卯节点原始标注的中轴线偏移 2mm；当试件残损类型为芯材空洞时，试件发生变形主要随残损高度及内部残损面积逐渐变大。相同残损面积下，试件残损高度越大，发生变形越大，当芯材残损面积占整体截面的 1/2 且残损高度达 150mm 时，相比初始试件发生弯曲距离为 8mm。同一残损高度，不同内部残损面积之间试件变形跨度较小，随着内部残损面积不断扩大，变形尺寸仅存在 1~2mm 的增加（图 5-7）。

当残损类型为木柱边材缺损时，试件因缺损高度、缺损面积不同，数据相互反差较大（图 5-8）。当缺损面积相同但缺损高度不同时，随着缺损高度的增加，试件变形逐渐增大，最高弯曲变形与初始尺寸可相差 35mm。当内部缺损高度相同且边材缺损占据整体截面的 1/5 或 1/4 时，弯曲变形与初始尺寸最高相差 10mm。当占据整体截面的 1/3 时受力面积削减，弯曲变形逐渐增大（图 5-8）。

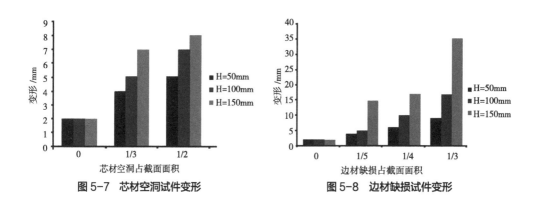

图 5-7 芯材空洞试件变形   图 5-8 边材缺损试件变形

结合以上分析可知，不同残损类型下，木构件残损肌理存在差异，木柱构件芯材发生空洞主要导致受力不均，木质纤维发生褶皱，而边材缺损则使木构件受力截面削减，端部受力发生不稳定，导致试件加载至极限时变形较大，主要表现在试件底部纤维撕裂，榫卯节点压缩开裂。对比两种残损类型，木构件边材缺损比芯材空洞变形严重，此外，影响缺损变形较大的主要因素为残损高度。由此可知，在实际工程项目中，除对木构件横向检测截面的安全性判定外，还应纵向考察木构件在不同高度的残损状况，联系上下残损面积，能够更加准确地判定，并且对整体木构架的安全性提出有效的加固、墩接等建议。

5.2　缩尺木柱承载力预测试验

5.2.1　试件设计及制作

通过北京、河北、河南、山西、浙江等地古建筑木构件实地调研结果及构件采样的树种鉴定结果，从古建筑常用硬木松、榆木、杨木、冷杉等树种中选取南北方古建筑较多使用的硬木松作为本次试验选取树种，材料为新材，产地源于中国东北林场。

（1）试件养护

实验原材料属于新材，芯材和边材含水率均在45%以上，但古建筑木构件含水率较低，为减少因含水率而影响其误差，故对试件进行养护。试件分为小试件和缩尺试件。

小试件放置在恒温恒湿箱中养护至含水率为12%后，进行顺纹抗压强度与波阻模量试验。

因缩尺试件较大，恒温恒湿箱内无法满足养护，故将试件制作完毕放置在温度为20℃、空气相对湿度为65%的实验室中养护3个月，加工时预留干缩余量，使试件的气干含水率达到12%后进行测试。

（2）试件设计

根据国家标准《木材抗弯强度试验方法》GB/T 1936.1—2009、《木材顺纹抗压强度试验方法》GB/T 1935—2009，试件经过裁切、平齐端部及剖光，加工成尺寸为20mm×20mm×300mm的无瑕小试件，共计131件。

古建筑木构件的营造方式历经千年不断发展演化，对于建筑的营造基本参照宋《营造法式》和清《工部做法》总结制定的建筑物模数与权衡制度来进行营建，"模数"是古代房屋整体及各部位、各构件尺寸的基本计量单位。"权衡"即为比例之意。清代官式建筑构件尺寸大到建筑进深、面阔、高度及挑檐，小至各类木构件的尺寸均以模数为基础，规定相应的比例及倍数。尽管比例倍数均由工艺人口口相传，同时随着年代的变更、经济的发展，对建筑的审美观点也会有所改变，但古建筑历经百年的风雨侵蚀以及不可控的自然灾害依然屹立不倒，是因为整体结构框架依旧遵循模数及权衡制度。

宋《营造法式》中记载"材"：

"凡构屋之制，皆以材为主，材有八等，度屋之大小，因而用之。各以其材之高（广）分为十五分，以十分为其厚。凡屋宇之高深，各物之短长，曲直举折之势，规矩绳墨之宜，皆以所用材之分，以为制度焉。栔广六分，厚四分，材上加'栔'者，谓之足材"。[①]

以上意为宋代建筑所有的高宽深广、曲直举折、构件尺寸等均以"材"为基本计量单位。每个"材"的尺寸有严格规定，厚为 10 分，高（广）为 15 分。由于各等级"材"尺寸跨度较大，"栔"用以补充细化尺寸。"栔"的尺寸厚为 4 分，高（广）为 6 分。由以上可知，宋代木构件断面的高厚比为 1.5：1。清代《工部做法》中大式建筑计量单位为"斗口"，建筑外形尺寸、构件大小等均以"斗口"为计量单位；小式建筑以及不带斗栱的大式建筑中，计量单位为"柱径"。

梁思成先生评价《清式营造则例》为"文法课本"，本章缩尺柱试验依照《清式营造则例》大式建筑的尺寸，木柱进行竖向加载试验。柱高与柱径的比例定位 1：10，柱径为 200mm 的木材，所有试件的外形尺寸均相同。依据《木结构古建筑维护与加固技术规范》中对木柱残损点的检查及评定，当木构件任意截面存在糟朽和老化，且两者之和所占面积与正截面面积之比 $\rho > 1/5$ 定为残损点，当木柱出现芯腐时，$p > 1/7$ 定为残损点。

根据实地调研及文献研究结果，本次缩尺柱承载力试验残损设置位置分别在柱端与柱底，残损类型为内部芯材空洞和边材缺损。残损高度分别为 100mm 和 300mm。

5.2.2 检测方案

5.2.2.1 小试件无损检测

将试件采用应力波与阻抗仪进行无损检测，运用匈牙利 FAKOPP 两探针应力波测量仪与德国 IML-750 微钻阻抗仪对试件进行无损检测并采集数据。检测时将应力波测量仪的两探针插入试件两端，探针与长度方向夹角为 45°，对连续测定 3 次所得传播时间读数的平均值作为该试件的测定结果，获得应力波传播速度 V。阻抗仪依靠 1.5mm 微型探针驱动进入木材内部，探针前进时遇到不同阻力形成该路径相对阻力值，试件两端部相对阻力值为 SF_1，SF_2，计算试件整体相对阻力值 $SF=(SF_1+SF_2)/2$。图像横坐标表示微型探针路径长度，纵坐标表示探针前进遇到的相对阻力值，获得硬木松的应力波和阻抗仪无损检测数据，详见第 4 章。

5.2.2.2 缩尺试件无损检测

将试件采用应力波与阻抗仪进行无损检测，运用匈牙利 FAKOPP 两探针应力波测量仪与德国 IML-750 微钻阻力仪对试件进行无损检测并采集数据。

---

① （宋）李诫，《营造法式》卷第四"大木作制度一"

木柱试件按照顺纹等分四条路径，检测时将应力波测量仪的两探针插入试件两端，探针与长度方向夹角为 45°，采集应力波无损检测数据，是把应力波 4 条路径下波速的平均值作为整体试件的波速值，把连续测定 3 次所得传播时间读数的平均值作为该试件的测定结果，获得应力波传播速度 V。

阻抗仪依靠 1.5mm 微型探针驱动进入木材内部，阻抗仪分别在试件的上（Section–A）、中（Section–B）、下（Section–C）进行不同高度截面检测，每截面采用阻抗仪检测 3 条路径。

5.2.3　试验装置及加载方案

5.2.3.1　小试件试验装置及加载方案

截取小试件 30mm 作为物理力学性能测试区段（图 5-9），通过万能力学试验机进行匀速加载，加载速率为 3mm/min，建立小试件无损检测参数与木材材料物理力学性能之间的关系，详见第 4 章。

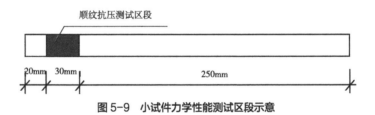

图 5-9　小试件力学性能测试区段示意

5.2.3.2　缩尺试件试验装置

实验地在中国林业科学研究院木材工业研究所进行。根据现场调研及传统古建筑木构件受力特征，柱试件主要承受竖向荷载，上端部集中受力。

木柱试件采用微机控制电液伺服压力试验机（YAW–3000A）实施荷载。加载速度为 5mm/min。当试样出现明显破坏或荷载明显下降后停止荷载，获得抗压强度，验证无损检测预测值与物理力学试验数据的关系。

5.2.3.3　缩尺试件加载方式

加载前对试件进行预先估算，确保实验装置及连接设备协同工作。依据《木结构实验方法标准》GB/T 50329—2012 进行一次性加载，当试样出现明显破坏或荷载明显下降后停止荷载。为防止试件破坏时材料的迸溅，在压力试验机外设防护栏，检测人员应该距试验机存有一定的距离（图 5-10）。

图 5-10 缩尺试验加载现场

5.2.3.4 破坏界限定义

试验过程中，梁和柱试件在抗压和抗弯中随着荷载的增加不断变形，此次试验试件发生显著变形且荷载明显下降定义为破坏产生。依据《古建筑木结构维护与加固技术规范》GB 50165—92 第4.1.5 承重木柱残损点，4.1.6 承重木梁枋的残损点和 4.1.7 木构架整体性的检查及评定：柱的弯曲矢量 $\delta > L_0/250$ 为木柱残损点评定界限；当木梁弯曲变形 $h/l > 1/14$ 时，竖向挠度最大值 $\omega_1 > l^2/2100h$，当 $h/l \leq 1/14$ 时，$\omega_1 > 150$ 或侧向弯曲矢高 $\omega_2 > l/200$ 为木梁损点评定界限；当木构件为抬梁式时，柱头与柱脚的相对位移 $\Delta > H/90$，穿斗式 $\Delta > H/75$ 为木构架整体损点评定界限。

5.2.4 测试内容

试验中对小试件采用无损检测，对试件波阻模量进行检测，以及万能力学试验机对抗压数据的采集。在缩尺试验中，使用压力试验机的实验过程，是对承载力数据进行记录，并分析试件材质性能的衰减、破坏形态等。

试件进行加载时易产生变形，应变是对该试件检测点变形程度的力学量，应力表示检测试件单位面积上所承受的附加内力。试件受力变形在不同截面、不同程度一般都存在一定的差异性。

试验采用厂家为邢台科华电子有限公司生产的型号为 P7120-30AA 的电阻应变计，用于对试件应力应变数据采集，电阻值 120 ± 0.2，粘接剂为缩醛胶，灵敏系数为 2.08 ± 1%，基底为纸质。

对试件布设电阻应变计前，需完成电阻应变计与端子的焊接，使用电烙铁将端子的焊锡融化后，将电阻应变计的两导线与端子搭接并相互焊接；通过剥线钳剥去导线端头塑料皮，使用电烙铁将导线固定在端子的另一端，为确保数据的顺利采集，使用万用电表对其电路检测，出现有效数据后粘接在试件上（图 5-11）。

通过木工专用墨线盒对试件弹线，并用尺子测量试件纵横两个方向，标注布设电阻应变计的位置，使用专用胶粘接电阻应变计，粘前对试件表面进行打磨，选择全树脂耐水砂纸（型号：120），打磨角度与粘贴位置成 45° 交叉，完成后对打磨位置利用毛刷清扫及擦拭，便于电阻应变计与试件间的粘接。为防止实验中试件变形，导致

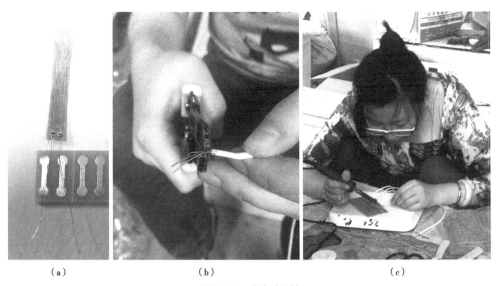

图 5-11　应变片焊接

（a）两导线与端子搭接；（b）剥线；（c）焊接

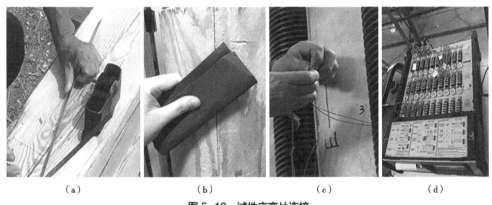

图 5-12　试件应变片连接

（a）墨盒弹线；（b）打磨；（c）导线连接；（d）设备连接

导线拉扯影响电阻应变计对数据的采集，使用胶布对靠近电阻应变计的导线进行固定，导线编号后将导线与设备连接采集数据（图 5-12）。

小试件应力波 v 与抗压强度 σ 之间，v 与 σ 虽然存在线性关系，但相关关系较低。进针速度相对阻力值 F_2 与抗压强度 σ 之间虽然存在线性关系，但相关关系较低。依据弹性模量公式 $E_0=Pv^2$（P：试件密度；v：应力波波速），可知密度是弹性模量中重要的参数，无损检测中阻抗仪的相对阻力值 F 与常见的力单位（N）没有对应关系，微型钻针在电机驱动下阻力的大小不仅反映早、晚材情况，而且显示密度的变化，发现小试件密度 P 与相对阻力值 F 二者间存在显著的相关性，特别是进针速度相对阻力值 F_2

与密度 P 相关性较大，详见第 4 章对相对阻力值对密度预测。由此可知利用阻抗仪的相对阻力值 F_2 和应力波波速 V 平方值的乘积 FV^2 为无损检测对波阻模量 E_1 的预测值。

建立小试件抗压强度与波阻模量之间的关系，为避免无损检测力学性能预估值高于实测值，从而导致木构件存在一定的安全风险性，因此采用 95% 可信度下的回归线来预估木材的物理力学性能值。表明配合使用应力波和阻抗仪的波阻模量 Fv^2 与抗压强度 E_1 存在显著正相关性，比单一参数分析小试件力学性能准确度更高。

通过对连有榫卯的节点试件及缩尺木柱试件的试验和分析，节点试件的物理荷载破坏试验，分析破坏肌理；对不同残损位置和残损尺寸的缩尺木柱试件，进行无损检测抗压承载力预测、危险截面判断等进行了研究，可以得到以下结论：

（1）当节点试件上、下为健康材质时，加载后主要残损部位为榫卯节点的压缩变形，当试件残损类型为芯材空洞时，较小的内部残损破坏肌理不受残损高度的影响，内部残损面积的不断扩大是导致整体试件发生破坏的主要因素。只有当内部材质破坏较为严重、芯材材质在高度破坏下才能影响木构件的位移、变形。当节点试件残损类型为边材缺损时，随着横截面缺损面积及缺损高度的升高，试件破坏肌理就会越严重。

（2）节点试件为健康材质时，加载后试件榫卯节点相比原始标注的中轴线偏移 2mm；残损为芯材空洞时，内部残损高度对试件的变形影响不显著；当外部材质发生残损时，木构件边材部位的缺损比芯材空洞变形严重。

（3）利用应力波和阻抗仪的波阻模量检测方法推算力学性能，比单一方法具有更高的准确度，硬木松顺纹抗压强度与波阻模量之间（FV^2）存在显著相关性。

第6章 古建筑木构件预防性保护体系及方法流程研究

古建筑是不可再生的，认识其重要性而不知如何去科学保护，或盲目地决定保护方案是十分危险的。因忽视残损或不当修缮而造成的古建筑价值流失，甚至整体建筑的损毁例子不在少数。故今后在古建筑木构件的保护工作中，建立预防性保护体系以及确定方法的流程是十分必要的。

古建筑木构件预防性保护是一种新的保护战略，在保护态度、习惯、技术和思维上均有改变，由过去的"保护为主""抢救性保护"转化为"预防为主"。

传统古建筑木构件预防性保护主要包括勘查记录、病害诊查日常普查及岁修等方法。近年来，随着科技发展，无损检测对内部残损及材质性能等的检测大大拓宽了预防性保护的手段。在传统保护方法的基础上，对古建筑木构件保护关注对象由"已发生破损的木构件"转化为"现在良好或存在安全隐患的木构件"。

从木构件残损及材性检测中，对预防性保护技术进行系统梳理，总结古建筑木构件预防性保护在实际项目中的方法流程及内容，建立预防性保护体系，有利于及时发现古建筑存在的安全隐患问题，对残损部位进行重点检测控制其残损扩延，防微杜渐以提高古建筑保护的针对性和科学性，降低或消除各种风险，使得古建筑处于良好的状态。

6.1 古建筑木构件预防性保护体系框架

预防性保护体系由多学科交叉组成，涉及古建筑木构件的预防性保护除法律法规外，还包括保护技术[145-147]。体系分为三部分，包括预防性保护方法、内容、对象。古建筑木构件预防性保护体系如下所示（图6-1）。

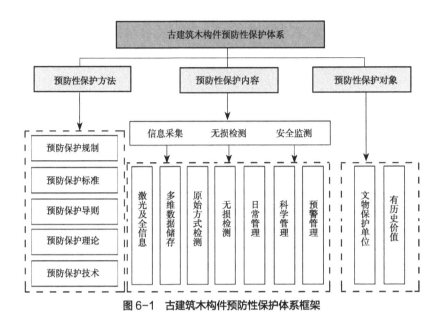

图 6-1　古建筑木构件预防性保护体系框架

6.1.1　预防性保护方法

古建筑木构件预防性保护需要对相应的法律法规、标准、导则等进行了解，这是保护体系中基础性工作及保障条件，同时也为预防性保护内容和保护对象指引了路线和范围。

预防性保护相关规制，可参考应用于古建筑或木构件的相关法规。例如《古建筑木结构维护与加固技术规范》GB 50165—92、《木结构设计规范》GB 5005—2003 等，指导古建筑在维护或修缮时的规程。预防性保护技术主要针对木构件的病害，采用适宜的相关技术对其进行检测，检测时应保护古建筑的原真性。

6.1.2　预防性保护内容

古建筑预防性保护内容分为信息采集、无损检测及安全监测三个方面。信息采集表现为历史信息和建筑三维影像的采集。其中历史信息的采集有利于更加深入的理解古建筑。

（1）查阅历史文献收集包括历代维修改造、1949 年后的保护历史、更换构件清单、测绘成果、建筑年代鉴定、材质鉴定、木构件残损现状勘测等发掘相关资料及报告。其他间接史料——地方志、史书、碑记石刻、契约文书、文学作品等相关记载。同时古建筑所在省份的地理位置、气候类型、地震烈度、环境污染度（水污染、有害气体污染等）、动植物分析、建设控制地带、空气含水率、周边建筑、地质状况内容也计入考察范围。基础资料种类繁多，对古建筑木构件资料收集可制订基础资料信息的收集表格。以确定掌握足够的基础信息、工作方式等方面的内容，有利于丰富预防性保护的内容。

建筑三维影像主要利用技术进行数字化信息采集主要包含空间地理信息、矢量三维信息等。采用非接触、高速度、高密度、全数字化对数据采集。数据采集成果标准的设定取决于测绘目的和需求，成果应该分别满足下述四个层级的需求：一是文物建筑普查的需求；二是建筑理论研究的需求；三是古建筑修缮设计、施工对图纸的需求；四是建立科学记录档案的需求。四个需求层级对数据采集成果的准确度、精细度要求各不相同。

（2）无损检测主要从文物本体残损、自然破坏、人为破坏三部分进行，相关技术从技术层面到管理层面。检测是了解和研究古建筑的基本方法，古建筑木构件检测主要包括结构体系以及木构件内外部残损情况。基于预防性的木构件检测在深度和精度上均高于普通勘查。考察构件相互连接的尺寸及年代属性，除此之外还包括对强度、弹性和受力等性能情况。残损检测分为内、外两部分，外部残损通过传统的视觉观察能够快速判别。构件内部检测在传统检测的基础上，还需借助必要的检测技术，优先选用无损检测方法，参考相关保护规范：《古建筑木结构维护与加固技术规范》GB 50165—92、《木结构设计规范》GB 5005—2003等。当现场无法满足无损检测时，对木构件进行抽样检查，该技术会对古建筑木构件造成微小的伤害。

（3）预防性保护是基于以价值评估为核心的专项评估，包括古建筑价值评估、利用评估、现状评估和管理评估。预防性保护中监测主要是对古建筑的环境和本体进行数据采集，形成客观、动态以及最小干预下的保护。管理相关信息包括定期检测、随时修补工程；所在区域的火灾隐患分布以及消防设施、古建筑游客管理、员工管理、民众访谈及需求等对古建筑保护的认知。

古建筑木构件的预防性保护将以上评估内容同安全性评估并重。安全性是从安全隐患、发生概率等进行分析。科学全面的认知古建筑木构件所面临的各类风险因素，并分析各因素对木构件造成的不同残损类型及残损程度，依据安全性评估结果对古建筑制定相应的预防性保护措施。

在收集安全性因素时，主要存在现场调研破坏古建筑木构件安全性、通过检测手段认知安全性源头、预判残损存在的不安全性。破坏古建筑木构件安全性的源头可通过常见列举、现场调研、逻辑推理查找。

常见列举是通过总结古建筑中常存在破坏古建筑木构件安全性的源头，一般制成表格进行逐一分析，例如受环境、古建筑木构件使用年限、人为破坏等古建筑木构件出现安全隐患，可列入破坏古建筑安全性评估里的考察对象，该方法内容涉及面广，还可以协调现场调研，用作现场调研法的前期准备阶段的调研成果。

现场调研主要通过座谈、走访等交流沟通的方式对古建筑木构件易产生风险的地方提出建议及保护方法，通过对建筑本体、公共设施的评估，减少影响古建筑木构件安全性的破坏因素，该方法对古建筑木构件安全性的评估相对容易理解。

不能直接查询影响古建筑木构件安全性的因素时，可采用逻辑推理法。因为古建筑出现任何的残损必定受到某个因素的影响，原因是导致残损发生的条件。由古建筑木构件的残损类型或残损现象需找引起该现象的原因，运用逻辑推理的方法从结果推演出影响安全性的因素。

古建筑木构件安全性评估方法，主要有风险度分析法、检查表分析法、等级分析法以及矩阵分析法。风险度分析法是针对事故发生的频率及其残损程度进行综合分析，风险度一般可分为十级，级别越高，古建筑存在的危险越大；检查表分析法是将检查对象列出并标出分数，重要部位分数值占据较高，次要部位分数值占据相对低，所有项目评定总和不超过 100 分，由此评价木构件的风险度和风险等级；等级分析法主要根据相关经验对古建筑木构件存在风险项目进行检查，逐一对各项进行等级划分，此分析方法较为直观且操作性强；矩阵分析法是将木构件残损组成要素分为 A_1、A_2、A_3、$\cdots$，B_1、B_2、B_3、$\cdots$，利用数学上矩阵的行和列，确定各因素之间的关系和相关程度，判断影响古建筑木构件安全性的因素，对主要因素采取必要的应对措施。

在安全性评估的基础上，对古建筑木构件风险影响分析，有助于确定古建筑木构件的保护对象和管理工作重点。风险度分析法、检查表分析法和等级分析法在对古建筑木构件安全性评估时，可以直观反映保护方法以及日常管理工作中存在的问题，思路清晰简洁易懂。而矩阵分析法可对保护方法和管理工作中不同阶段的风险进行分析，有助于针对性地对某一构件采取适宜的预防措施，降低风险影响。

6.1.3 预防性保护对象

古建筑木构件预防性保护的对象从宏观而言主要为文物保护单位，除了挂牌及公示的文保单位，还存在大量具有研究价值及历史价值的古建筑依旧存在安全隐患，亟需纳入保护对象中，故预防性保护对象范围需在文保单位的基础上拓宽。预防性保护的对象具体到木构件中，其保护对象首先为承重的大木构件，次之为门、窗等。

6.1.4 预防措施

古建筑木构件残损的预防，可分为三个层面展开：宏观层面——编制整个区域保护规划，作为地方保护规划的专项工作；中层层面——提出配合保护规划的具体实施方法；微观层面——采取有针对性的预防措施，对古建筑木构件进行日常维护及检测，对残损部位提出修缮、加固、安防管理等。区域保护规划的主要目标是预防或将损坏降低到最小化，同时避免由自然灾害发生而导致的次生灾害对古建筑造成二次破坏。除此之外，对保护区进行应急预案等相互协调工作，从系统性和全局性对古建筑进行保护。

古建筑由于不同的残损类型其预防的措施也不同。针对地质灾害对古建筑木构件的预防措施主要包括调查分析、监测预报、防治措施等方面进行。技术方面一般使用遥感测绘、动态监测进行预报和观察，提前做好相关措施和建议。针对古建筑木构件的预防性保护侧重点多为木构件材质的残损方面，对人为造成的损坏可依据法律法规规范、科学管理、安全教育、宣传监督等手段避开不当行为。对虫害、病变等引起的木构件材质受损通过药剂、虫蚁探测仪等技术进行预防。火灾的预防措施主要表现是消防设施的布设与管理，在安装消防设施时，应符合《中华人民共和国消防法》《建筑设计防护规范》GB 50016—2014（2018 年版）以及《古建筑木结构维护与加固技术规范》GB 50165—92 等相关规定，安全使用设备并对其进行定期检测，确保有效。同时注重安全管理，规范人员活动，预防不安全行为的发生。

预防措施中，微观层面主要对古建筑木构件进行日常维护及检测，是最直接有效地对古建筑木构件进行预防性保护。日常维护主要指对古建筑木构件进行日常保养、维护。在《中国文物古迹保护准则》中明确指出"日常保养是及时化解外力侵害可能造成损伤的预防性措施，适用于任何保护对象"，可见日常保养是必不可少的，且具有较强的有效性。日常维护可及时排除存在的隐患及消除轻微残损，主要内容包括清洁、除草补漏、临时修补等。木构件材质及内部残损状况的预防性保护措施主要是通过监测和无损检测技术对结构变形、内部缺陷、材料性能等进行检测，对内部缺陷面积、材质剩余承载力等方面的参数进行综合分析，科学评价该建筑的安全性以及预警值。

6.2 预防性保护技术实施流程

研究古建筑预防性保护检测流程，探索建立古建筑木构件安全性能检测抽样方法和抽样指标体系，能够加强和提高古建筑木构件的安全水平和抗灾能力，对延续人类宝贵的文化遗产有着非常重要的意义。

预防性保护的古建筑木构件检测，属于既有建筑结构性能的检测。但作为既有建筑中的古建筑木结构，又与近现代一般的既有建筑如木结构、砌体结构、混凝土结构、钢结构等，在结构形式、荷载水平等方面有很多不同。我国古建筑木构件的独特之处主要体现在结构体系、结构布置以及构造连接方面：竖向主要由木构架承重，围护墙体主要起到围护隔断的作用；除台基由分层的石、砖垫块或夯土砌筑外，其余所有构件均由木料制作；柱架平摆浮搁于础石之上，由铺作层连接上部梁架，梁架下辅以枋，梁架上铺设檩、椽、望板等构成屋顶，所有木结构构件之间均由榫卯连接，尤其是具有刚度的榫卯连接节点营造的构造形式，使得众多古建筑木结构历经千百年、经受无数次地震等自然灾害的考验，仍能巍然屹立于世界东方。

古建筑木构件在结构形式、荷载水平以及千百年来饱经地震等自然灾害的侵蚀和人为破坏，又屡次修缮维修加固后的现存内容及其目前的工作状态等方面，与近现代一般的既有建筑又有很大的区别。目前古建筑木构件的保护多以视觉查看，易导致错判或误判，最终只能依靠抢救性修缮来保护古建筑。因此在日常需对古建筑展开预防性保护检测，预防或降低灾害的发生。预防性保护的检测流程在检测范围、内容、项目、方法及检测抽样方案与一般的既有建筑也有所不同。

预防性保护检测基本原则，首先应起到预防的目的，了解预防性检测的对象，确认检测的范围、内容和项目，选择适合的抽样方案和合适的检测方法，检测项目的抽样数量应符合检测方法的标准等。

6.2.1　适宜的抽样方法

预防性保护检测中，检测对象除出现残损现象的构件外，还包括无法直观判断其安全性的构件，此外，残损现象的产生除自身材质削减外，还存在受其他因素的影响，故进行预防性保护检测中检测内容和检测数量之大，人力、物力和财力的投入也非常大，面对这一问题，选择适宜的抽样方法当然是必要的。

《建筑工程施工质量验收统一标准》GB 50300—2013[148] 给出了检验批的质量检验，可根据检验项目的特点在下列抽样方案选取：

（1）分为计量、计数或采用计量—计数的抽样方案；

（2）一次、二次或多次抽样方案；

（3）选取需要重点检测的项目进行检测，检测方法快速且操作简单时，可对该项全部检测；

（4）根据生产连续性和生产控制稳定性情况，采用调整型抽样方案；

（5）依据大量的现场检测经验，且检测结果经验证有效后，总结方法进行抽样检测。

预防性保护检测的目的是为了评价主体结构的安全性，对未发生残损的防范以及对已发生残损状况的挖掘。它对古建筑木构件实体进行检测，这一点与一般既有建筑结构性能检测是相同的，但预防性保护的检测又有其自身特点，在检测对象、检测技术以及检测目的中均以预防性为主，对现状作出评价。因此，面向预防性检测的抽样，必须符合预防性和安全性评价的要求。

预防性保护检测主要分为信息采集、无损检测以及对检测结果的共享与利用。信息采集中，对建筑的基本历史资料和三维影像的检测属于信息汇总阶段，例如现状图纸、损毁情况及修缮记录等，在检测时对其全部检测，该阶段的检测内容可为后续无损检测及检测结果的共享与利用奠定基础。无损检测需现场调研和实验室研究，现场预防性保护中，从构件外部可直接观察到主要节点和连接的工作状态及构件的残损状态等，应在现场允许的条件下，尽可能地进行全面检查并进行详细记录和拍照，并保存调研资料。对被检测的古建筑进行初步查勘后，才能确定需要仔细检测的内容、项目和选择符合实际的检测方法，以及确定各检测项目的抽样数量等。

从构件外部无法直接判别内部残损时，对古建筑进行检测区域或检测构件的分区，可分重点检测区域和一般检测区域。重点检测区域为古建筑大木作、易损区域，对于重点检测区域可采取权属检测或加严抽样方案。对于次要受力构件可采用一般的抽样方案，对于非结构构件则可采用放宽的抽样方案等，而不是一味强调随机抽样。

6.2.2 预防性保护历史信息采集

预防性保护检测时，首先对该建筑的尺寸、开间和进深的布局有所了解，但现实中古建筑分为有、无有效图纸资料与图纸资料不全等情况，按下列规定区别对待：

（1）对于具有有效图纸资料的古建筑，应检查实际结构体系、结构构件布置、主要受力构件等与图纸相符合的程度，检查结构布置或构件是否有变动，应对结构、构件与图纸不符合的或修缮、加固部分重点进行检查与检测。

（2）对于图纸资料不全的古建筑，除应检查实际结构与图纸的符合程度外，还应对缺少图纸部分的结构进行重点检查和检测。

（3）对于无有效图纸资料的房屋建筑，除通过现场的检查确定结构类型、结构体系、构件布置外，还要通过检测确定结构构件的类别、构件几何尺寸、连接构造等，依据采集的数据绘制所缺少的主要结构布置图。

以往有关历史信息采集，特别是对于构件几何尺寸，主要是通过人工测量为主，测量成果多属于法式测绘，其成果的真实性、完整性、准确性不足，且测量周期较长，不仅难以满足保护修缮工程的需要，更是无法满足科学研究和及时反映现状完整记录的需求。

将当代先进的三维激光扫描技术，应用于对古建筑历史信息的采集，以获取和存储具有高原真性、精确性的文物建筑三维空间形态基础数据信息，则是改变目前这一困境的有效手段，也是当前国际上预防性保护技术发展的重要趋势。三维激光扫描技术综合运用各种技术手段，对建筑及其周边环境进行表面扫描，获取大量高精度三维坐标，将建筑现状实际的空间信息快速转换成电子三维数据，提高了工作的广度、深度和效率。在扫描过程中，可以获取大量的点数据，即"点云"。点云是由带有三维坐标和颜色属性的点组成的，在经过模型化的处理后，可以在点云中直接进行空间数据的测量，辅助绘制图纸；也可以应用点云数据建立三维模型，生成带有真实纹理的模型和正射影像图，再对其进行深入的处理和分析计算。根据古建筑的实际情况和需求，对历史信息的采集侧重点存在差异。历史信息的采集为预防性保护提供了详实的基础资料。

文物建筑测绘成果标准的设定，取决于测绘目的和需求，文物建筑测绘成果应该分别满足下述四个层级的需求：一是文物建筑普查的需求；二是建筑理论研究的需求；三是古建筑维修设计、施工对图纸的需求；四是建立科学记录档案的需求。四个需求层级对测绘成果的准确度、精细度要求逐级增高。

6.2.3 预防性保护无损检测

古建筑木构件无损检测，可对木构件内、外部材质状况进行有效判别，及时发现残损部位，量化残损结果，能够消除或减少残损对古建筑造成的危害，起到真正的预防保护作用。

预防性保护中无损检测分两种：传统目测敲击法和无损检测设备法。两种方法均有各自的优点，传统目测敲击法检测方法简单易操作，但需要常年累积的经验为基础，无损件检测设备法检测速度慢于传统目测敲击法，且检测结果仅为该木构件的某一截面，无法大面积实施。在预防性无损检测中将两种方法配合使用。此外在无损检测中还应对构件含水率、树种取样鉴定等。

具体实施流程如下：

（1）通过对古建筑的形制、尺寸、修缮记录等基础资料的了解后，对木构件进行传统目测敲击法检测。通过目测观察，对古建筑内外部环境、地基基础等进行查看，同时通过测量木构件表面腐朽、虫蛀、变质、渗漏以及构件折断、劈裂、受力裂缝的部位、范围和程度、构件连接及咬合情况等相关数据，将相关残损位置标记在古建筑现状图中，并记录外观缺陷与损伤内容：针对构件受力有影响的木节、斜纹、扭纹、干缩裂缝等木材缺陷和构件表面腐朽、虫蛀、变质、渗漏、灾害影响、金属件锈蚀及构件折断、劈裂或沿截面高度出现的受力褶皱和裂纹、裂缝等木构件表面损伤，具体实施如下：

1）木材材质

包括：测量木材腐朽、虫蛀、蚁蚀、变质的部位、范围和程度，逐一测量对构件受力有影响的木节、斜纹和干缩裂缝的部位尺寸，影响受力的裂缝、结疤和碳化状况。表面存在腐朽时，可用尺量测腐朽的范围，腐朽的深度可用除去腐朽层或钢针刺探的方法测量。当发现木材有腐朽现象时，应该对木材的含水率、结构的通风设施、排水构造和防腐措施进行核查或检测。表面虫蛀检测是根据构件附近是否有木屑等进行初步判定，当发现木结构构件出现虫蛀现象时，应对构件的防虫措施进行检测。

2）历代历次维修加固措施的勘查

勘查内容有：加固措施（包括现有工作性能）、受力状态、新出现的变形或位移、原腐朽部分挖补后重新出现的腐朽；现场询问屋盖和墙体是否进行过翻新或维修加固（包括时间）、有无重做保温或防水层。

3）屋面渗漏、梁柱裂缝、围护结构损坏等其他受损情况普查

普查内容有：渗漏范围，构件折断、劈裂或沿截面高度出现的受力褶皱和裂纹、裂缝（用塞尺检测宽度、钢尺量测长度），涉及构件范围、裂缝形态、长度，围护结构的酥碱状况。

4）木节尺寸检测，按垂直于构件长度方向量测，直径小于10mm的木节可不量测。斜纹检测，在方木两端各取1m材长量测3次，计算其平均倾斜高度，以最大倾斜高度作为斜纹检测值。扭纹检测，在原木小头取1m材长量测3次，计算其平均倾斜高度作为扭纹检测值。干缩裂缝检测可用探针检测裂缝的深度，用裂缝塞尺和裂缝宽度仪检测裂缝的宽度，用钢尺量测裂缝的长度。

视觉观察后再利用手部按压、检测锤敲击方法对木构件进行无损检测，检测范围为木构件易损点、外部发生残损部位周边以及随机抽选部位。通过手部按压判别材质疏松情况，利用敲击木构件产生的声音判别构件内部材质状况。内部残损敲击后形成的声响比健康材质的声音沉闷，通过声响初步筛选出存在内部缺陷或安全隐患的部位，

将初检结果标识在图纸中，并记录其具体位置、初检结果、后期使用哪些无损检测设备进行验证。

（2）依据传统目测敲击法的初检结果，初步确定木构件，使用含水率仪对木构件进行含水率检测（存在地仗层的可使用探针式，不存在地仗层的可使用接触式），分别在构件的不同高度（柱底、柱中和柱端）、不同朝向（向阳面与背光面）获取含水率值，将所获含水率的均值作为该构件的含水率值。

（3）使用无损检测设备对初检存在安全隐患的部位具有针对性地检测。上设备前对构件检测截面的高、周长进行记录，并设计传感器布设或进针方向布设等内容。

（4）检测前可对试件进行树种确定，通过管理部门可以确定的情况下，直接记录。不能确定的树种通过取样，放进密封袋中带回实验室，通过显微镜观察三切面来进行树种鉴定。

（5）木构件无损检测时，通过设备对检测截面内部数据进行采集，将采集后的数据保存，在实验室内分析其相关数据，作出安全性评价以及提出修缮建议或保护方案。

6.2.4　成果共享与利用

古建筑的形制、材料成分、修缮记录、检测结果等涉及面较广，将以上内容建立数字化信息平台，有利于开展预防性保护工作。同时古建筑木构件在修缮和日常管理中存在各部门资源共享程序烦琐，检测技术、检测结果存在差异性等问题，常造成重复性研究或借鉴成果存在不确定性等。

将古建筑按照区域和保护等级进行分类，组建数字化信息平台，形成多类型的数据库，不仅包括基本图片、图纸等基础资料，还包括构件材料信息、残损信息并设立数据更新的时间，确保预防性保护顺利开展以及数据的有效性。

参考文献

[1] 国际古迹遗址理事会中国国家委员会.中国文物古迹保护准则[M].北京:文物出版社,
2000.

[2] 戴俭,常丽红,钱威,等.古建筑木构件残损特征及其内部空洞的应力波无损检测[J].北
京工业大学学报,2016,42(2):236-244.

[3] 陈允适,刘秀英,李华,等.古建筑木结构的保护问题[J].故宫博物院院刊,2005,(5):
332-343.

[4] 陈允适.古建筑木结构与木质文物保护[M].北京:中国建筑工业出版社,2007.

[5] 张冬梅.古建筑病害信息处理与管理系统的设计与实现[D].北京建筑大学,2016.

[6] 王茹.古建筑数字化及三维建模关键技术研究[D].西北大学,2010.

[7] 朱磊,张厚江,孙燕良,等.古建筑木构件无损检测技术国内外研究现状[J].林业机械与
木工设备,2011,39(3):24-27.

[8] 南怀瑾.易经杂说[M].北京:东方出版社,2015.

[9] (北宋)郭茂倩.乐府诗集·君子行[M].北京:中华书局,2019.

[10] 吴美萍.国际遗产保护新理念——建筑遗产的预防性保护探析[J].中国文物科学研究,
2011,(2):90-95.

[11] 吴美萍.中国建筑遗产的预防性保护研究[M].南京:东南大学出版社,2014.

[12] 白成军,韩旭,吴葱.预防性保护思想下建筑遗产变形检测的基本问题探讨[J].西安建筑
科技大学学报(社会科学版),2013,32(2):54-58.

[13] 詹长发.预防性保护面面观[J].国际博物馆,2009,(3):96-99.

[14] 赵国兴,刘建忠.浅析影响馆藏文物保存的环境因素及预防性保护[J].文物世界,2015,
(2):70-73.

[15] Massimo, A., Floriana, C., Alberto, M., et al. Proposal for a new environmental risk assessment methodology in cultural heritage protection [J]. Journal of Cultural Heritage, 2016, 23 (8): 22–32.

[16] Robert, W., Stefan, M. A paradigm shift for preventive conservation, and a software tool to facilitate the transition [J]. ICOM. Committee for Conservation, 2005, (2): 733–738.

[17] Robert, W. Internal pollutants, risk assessment and conservation priorities [J]. ICOM. Committee for Conservation, 1999, (1): 113–118.

[18] Robert, W. Conservation risk assessment: a strategy for managing resources for preventive conservation [M]. London: International Institute for Conservation, 1994.

[19] 杜群, 刘晓翔. 试析《关于环境与发展的里约宣言》[J]. 武汉大学学报（社会科学版）, 1993, (4): 66–70.

[20] Robert, W. Cultural property risk analysis model: development and application to preventive conservation at the Canadian Museum of Nature [D]. Acta Universitatis Gothoburgensis, 2003.

[21] 黄帝内经 [M]. 北京: 大众文艺出版社, 2010.

[22] 古建筑木结构维护与加固技术规范 GB 50165—92[S].

[23] 肖金亮. 中国历史建筑保护科学体系的建立与方法论研究 [D]. 清华大学, 2009.

[24] 贺欢. 我国文物建筑保护修复方法与技术研究 [D]. 重庆大学, 2013.

[25] Donkin, L. Crafts and conservation: synthesis report for ICCROM [M]. Rome: ICCROM, 2001.

[26] Accardo, G., Altieri, A., Cacace, C., et al. Risk map: a project to aid decision–making in the protection, preservation and conservation of Italian cultural Heritage [C]. Los Angeles: Archetype Publications Ltd, 2002.

[27] Aaccardo, G., Giani, E., Giovagnoli, A. The risk map of Italian cultural heritage [J]. Journal of Architectural Conservation, 2003, 9 (2): 41–57.

[28] 张远翼, 张鹰, 陈晓娟. 三维激光扫描技术在古建筑测绘中的关键技术研究 [J]. 建筑学报, 2013 (10): 29–33.

[29] 邢昱, 范张伟, 吴莹. 基于 GIS 与三维激光扫描的古建筑保护研究 [J]. 地理空间信息, 2009, 7 (1): 88–90.

[30] 臧春雨. 三维激光扫描技术在文保研究中的应用 [J]. 建筑学报, 2006 (12): 54–55.

[31] 于子绚. 应力波检测古建筑旧木缺陷技术研究 [D]. 北京林业大学, 2009.

[32] Washer, G.A., Developments for the non destructive evaluation of highway bridges in the USA[J]. NDT and International, 1998, 31 (4): 245–249.

[33] Briks, A. S., Green, R. E. Nondestructive testing handbook: Ultrasonic testing [M]. 2nd ed.

American Society for Nondestructive Testing, 1991.

[34] Carr, P. H., Harmonics generation of microwave phonons in quarts[J]. Physical Review Letters, 1964, 13（10）: 332-335.

[35] Donskoy, D., Sutin, A., Ekimov, A. Nonlinear acoustic interaction on contact interfaces and its use for nondestructive testing[J]. NDT&E International, 2001, 34（4）: 231-238.

[36] Korshak, B. A., Solodov, I. Y., Ballad, E. M. Dceffects, sub-harmonics, stochasticity and "memory" for contact acoustic non-linearty [J]. Ultrasonics, 2002, 40（1）: 707-713.

[37] Deng, M. X. Cumulative second-harmonic generation of Lamb mode propagation in a solid plate [J]. Journal of Applied Physics, 1999（85）: 3051-3058.

[38] Bermes, C., Kim, J. Y., Qu, J.M., et al. Nonlinear Lamb waves for the detection of material nonlinearity [J]. Mechanical Systems and Signal Processing, 2008（22）: 638-646.

[39] Nagy, P. B. Fatigue damage assessment by nonlinear ultrasonic materials characterization [J]. Ultrasonics, 1998（36）: 375-381.

[40] Cantrell, J. H., Yost, W. T. Nonlinear ultrasonic characterization of fatigue microstructures [J]. International Journal of Fatigue, 2001（23）: 487-490.

[41] Cantrell, J. H., Yost, W. T. Acoustic harmonic generation from fatigue-introduced dislocation dipoles [J]. Philosophical Magazine A, 1994, 69（2）: 315-326.

[42] Kim, J., Jacobs, L., QU, J. Experimental characterization of fatigue damage in nickel-base superalloy using nonlinear ultrasonic waves [J]. The Journal of the Acoustical Society of America, 2006, 120（3）: 1266-1273.

[43] Donskey, D. M., Sutin, A. M. Nonlinear vibro-diagnostics of flaws in multilayered structures [J]. Journal of Intelligent Material Systems and Structures, 1999, 9（9）: 765-771.

[44] Jiao, J. P., Drinkwater, B. W., Neild, S. A., et al. Low-frequency vibration modulation of guided waves to image nonlinear scatterers for structure health monitoring[J].Smart Materials and structures, 2009, 18（6）: 065006.1-065006.8.

[45] 李坚. 木材科学新篇 [M]. 哈尔滨: 东北林业大学出版社, 1993.

[46] 王平, 姜笑梅, 秦特夫. 木材防腐技术在山海关镇东楼木结构中的应用 [J]. 木材工业, 2000, 14（4）: 33-35.

[47] 黄彦三, 陈欣欣, 张金成, 等. 超音波应用于木麻黄立木树干心腐之探测 [J]. 中华林学季刊, 1997, 30（4）: 445-450.

[48] 陈载永, 叶政翰, 钟建有. 木材长度对应力波传递速度与振动频率之影响 [J]. 中华林学季刊,

1997, 30（2）: 195–210.

[49] 祖父江信夫. 木材の費破坏检查 [J]. 木材学会志, 1993, 39（9）: 973–979.

[50] Lee, I.D.G. Ultrasonic pulse velocity testing considered as a safety measure for timber structures [C]. Spokane: Washington State University, 1965: 185–203.

[51] Hoyle R.J. and Perllerin R.F. Stress wave inspection of a wood structure [C]. Pullman: Washington state university, 1978: 33–45.

[52] Ross, R.J. Quality assessment of the wooden beams and columns of Bay C of the east end of Washington State University football stadium [R]. Pullman, Washington State University, 1982.

[53] Neal, D.W. Establishment of elastic properties for in–place timber structures[C]. Pullman: Washington State University, 1985: 353–359.

[54] Brom, C. M. and Kuchar, W. E. Determination of material properties for structural evaluation of TRESTLE[C]. Pullman: Washington State University, 1985: 361–384.

[55] Aggour, M.S., Hachichi, A. and Meyer, M.A.. Non–destructive evaluation of timber bridge piles[C]. New York: American Society of Civil Engineers, 1986: 82–95.

[56] 段新芳, 李玉栋, 王平. 无损检测技术在木材保护中的应用 [J]. 木材工业, 2002, 16（5）: 14–16.

[57] Costello, L. R. and Quarles, S. L. Detection of wood decay in blue gum and elm: An evaluation of the resistographa and the portable drill [J].Journal of Arboriculture, 1999, 25（6）: 331–337.

[58] Luckaszkiewicz, J., Kosmalma, M., Chrapka, M Borowski J. Determining the age of streetside Tilia cordata trees with a DBH–based model [J]. Journal of Arboriculture, 2005, 31（6）: 280–284.

[59] Isik, F., and Li, B. L. Rapid assessment of wood density of live trees using the Resistograph for selection in tree improvement programs. Can. J. For. Res, 2003, 33（12）: 2425–2435.

[60] Frank, R. Catalog of relative density profiles of trees, poles and timber derived from resistograph micro–drillings [R]. Proceedings of the 9th International Symposium on Nondestructive Testing of Wood, 1993: 61–67.

[61] Laurence, R, C., and Stephen, L.Q. Detection of wood decay in blue gum and elm: an evaluation of the resitograph and the portable drill [J]. Jounal of Arboriculture, 1999, 25（6）: 1–9.

[62] Fikret, I., and Bailian, L. Rapid assessment of wood ensity of live tree using the resistograph for selection in tree improvement programs [J]. Canadian Journal Forest Research, 2003（12）: 2426–2435.

[63] Paul，M.W.，Wei，W.，Rupert，W.. Application of a drill resistance technique for density profile measurement in wood composite panels [J]. Composites and Manufactured Products，1995，45（6）：90–93.

[64] Robert，E.，David P.，David M.，et al. Ultrasonic inspection of large bridge timbers [J].Forest Products Journal，2002，52（9）：88–95.

[65] Wang，X.，Robert J. R.，James，A. M.，et al. Non–destructive evaluation techniques for assessing modulus of elasticity and stiffness of small–diameter logs [J]. Forest Products Journal，2002，52（2）：79–85.

[66] Wang，T.L.，Sally，N.，Philippe，R.，et al. Selection for height growth and Pilodyn pin penetration in lodgepole pine：Effects on growth traitsm wood properties and their relationships [J]. Canadian Journal of Forest Research，1999，29（4）：434–445.

[67] 黄荣凤，王晓欢，李华，刘秀英. 古建筑木材内部腐朽状况阻力仪检测结果的定量分析 [J]. 北京林业大学学报，2007，29（4）：434–445.

[68] Liang，Ssu–Ch'eng. A pictorial history of Chinese architecture [M]. Boston：MTT Press，1984.

[69] 张鹏程，赵鸿铁，薛建阳，等. 中国古建筑的防震思想 [J]. 世界地震工程，2001，17（4）：1–6.

[70] 高大峰，赵鸿铁，薛建阳，等. 中国古代木构建筑抗震机理及抗震加固效果试验研究 [J]. 世界地震工程，2003，19（2）：1–10.

[71] 樊建江，王蕾，王崇昌. 试论中国古建筑的抗震机理 [J]. 西安冶金建筑学院学报，1993，25（3）：241–246.

[72] 陈允适. 古建筑木结构与木质文物保护 [M]. 北京：中国建筑工业出版社，2007.

[73] 刘程. 论中国古代建筑构件中的鸱吻意象 [J]. 宁夏社会科学，2016（6）：232–237.

[74] 李婧. 中国建筑遗产测绘史研究 [D]. 天津大学，2015.

[75] 罗哲文. 中国古代建筑 [M]. 上海：上海古籍出版社，2001.

[76] 王琪亨，吴葱，白成军. 古建筑测绘 [M]. 北京：中国建筑工业出版社，2007.

[77] 李婧. 三维激光扫描技术在古建筑测绘中的应用 [D]. 天津大学，2007.

[78] 于倬云. 紫禁城宫殿 [M]. 北京：人民美术出版社，2014.

[79] 李华，刘秀英，陈允适，等. 古建筑木结构的无损检测新技术 [J]. 木材工业，2009，23（2）：37–42.

[80] 林文树，杨慧敏，王立海，等. 超声波与应力波在木材内部缺陷检测中的对比研究 [J]. 林业科技，2005，30（2）：39–41.

[81] 杨学春. 基于应力波原木内部腐朽检测理论及试验的研究 [D]. 东北林业大学，2004.

[82] 李林 . Pilodyn 方法在活立木木材基本密度预测中应用 [D]. 河南农业大学，2009.

[83] 黄荣凤，伍艳梅，李华，等 . 古建筑旧木材腐朽状况皮罗钉检测结果的定量分析 [J]. 林业科技，2010，46（10）：114–118.

[84] 冯海林，李光辉 . 木材无损检测中的应力波传播建模和仿真 [J]. 系统仿真学报，2009，21（8）：2373–2376.

[85] 卢杉 . 无损检测技术及其进展 [J]. 焦作大学学报，2004（1）：73–74.

[86] Wang，X.P.，Stress wave–base nondestructive evaluation（NDE）methods wood quality of standing trees [D]. Michigan：Michigan Technological University，1999.

[87] Crystal，T. Effectiveness of nondestructive evaluation technique for assessment standing timber quality [D]. Michigan：Michigan Technological University，2005.

[88] Wusy. Wave propagation behavior in lumber and the application of stress wave techniques in stress wave techniques in standing tree quality assessment [D]. Idaho：University of Idaho，2002.

[89] Ross. R. J.，Brashaw，B.k.，Pellerin，R. F.. Nondestructive evaluation of wood [J]. Forest Products Journal，1998，48（1）：14–19.

[90] 王欣，申世杰 . 木材无损检测研究概况与发展趋势 [J]. 北京林业大学学报，2009，31（1）：202–205.

[91] 江京辉，吕建雄，任海青，等 . 三种无损检测技术评估足尺规格材的静态弹性模量 [J]. 浙江林学院学报，2008，25（3）：277–281.

[92] Divos，F.，Tanaka，T.，Lumber strength estin ation by multiple regression [J]. Holzforschung，1997，51：467–471.

[93] 段新芳，王平，周冠武，等 . 应力波技术检测古建筑木构件残余弹性模量的初步研究 [J]. 西北林学院学报，2007，22（1）：112–114.

[94] 张晓芳，李华，刘秀英 . 木材阻抗仪检测技术的应用 [J]. 木材工业，2007，21（2）：41.

[95] 孙燕良 . 基于微钻阻力的古建筑木材密度与力学性能检测研究 [D]. 北京林业大学，2012.

[96] 王晓欢 . 古建筑旧木材材性变化及其无损检测研究 [D]. 内蒙古农业大学，2006.

[97] 尚大军，段新芳，杨中平，等 . 西藏部分古建筑腐朽与虫蛀木构件的 PILODYN 无损检测研究 [J]. 林业科技，2007，23（2）：37–42.

[98] 尚大军 . 无损检测评价技术在古建筑木构件维修中的应用研究 [D]. 西北农林科技大学，2008.

[99] 王天龙，陈永平，刘秀英，等 . 古建筑木构件缺陷及评价残余弹性模量的初步研究 [J]. 北京林业大学学报，2010，32（3）：141–145.

[100] 张涛，黎冬青，韩扬，等．无（微）损检测技术在木结构古建筑中的应用及发展 [J]. 林业机械与木工设备，2011，39（8）：10–16.

[101] 安源，殷亚方，姜笑梅，等．应力波和阻抗仪技术勘查木结构立柱腐朽分布 [J]. 建筑材料学报，2008，11（4）：457–463.

[102] Deflorio, G., Fink, S., Schwarze, F.W. Detection of incipient decay in tree stems with sonic tomography after wounding and fungal inoculation [J]. Wood Science and Technology，2008，42（2）：117–132.

[103] Schwarze, F. W. M.R., Rabe, C., Ferner, D., et al. Detection of decay in trees with stree wave and interpretation of acoustic tomograms [J]. Arboricultural Journal, 2004, 28（1）：3–19.

[104] 常丽红，戴俭，钱威．基于 Shapley 值的古建筑木构件内部缺陷无损检测 [J]. 北京工业大学学报，2016，42（6）：886–892.

[105] 李鑫．古建筑木构件材质性能与残损检测关键技术研究 [D]. 北京工业大学，2015.

[106] Xin, L., Jian, D., Wei, Q., et al. Prediction of internal defect area in wooden components by Stress Wave velocity analysis [J]. BioResources, 2015，10（3）：4167–4177.

[107] 张风亮，高宗祺，薛建阳，等．古建筑木结构地震作用下的破坏分析及加固措施研究 [J]. 土木工程学报，2014，47（1）：29–35.

[108] 周乾，闫维明，纪金豹．古建残损木梁受弯性能数值模拟研究 [J]. 山东建筑大学学报，2012，27（6）：570–574.

[109] 古建筑防工业振动技术规范 GB/T 50452—2008[S].

[110] 吴美萍，朱光亚．建筑遗产的预防性保护研究初探 [J]. 建筑学报，2010（2）：37–39.

[111] 方东平，俞茂宏，宫本裕，等．木结构古建筑结构特征的试验研究 [J]. 工程力学，2000，17（2）：75–83.

[112] 雷宏刚，李铁英，魏剑伟．典型古建筑保护中的基础性问题研究 [J]. 工程力学，2007，24（12）：99–109.

[113] 曹旗．故宫古建筑木构件物理力学性质的变异性研究 [D]. 北京林业大学，2005.

[114] 周煊．浅析文物古建筑消防安全管理工作 [J]. 消防技术与产品信息，2016（5）：51–52.

[115] 张扬，陈钦佩，杨瑞新，等．木结构建筑被动防火措施全尺寸实验 [J]. 消防科学与技术，2016，35（8）：1062–1064.

[116] 孙翡．古建筑消防防火探讨 [J]. 科技展望，2016（12）：312.

[117] 潘毅，李玲娇，王慧琴，等．木结构古建筑震后破坏状态评估方法研究 [J]. 湖南大学学报，2016，43（1）：132–142.

[118] 潘毅，王超，季晨龙，等. 汶川地震中木结构古建筑的震害调查与分析 [J]. 建筑科学，2012，28（7）：103–106.

[119] 李宁，徐琳，郭小东，等. 基于概率法的木构古建筑地震破坏综合评价方法 [J]. 文物保护与考古科学，2012，24（1）：44–48.

[120] 潘毅，赵世春，余志祥，等. 对汶川地震灾区文化遗产建筑震害与保护的几点思路 [J]. 四川大学学报，2010，42（SI）：82–85.

[121] 周乾，闫维明，杨小森，等. 汶川地震古建筑轻度震害研究 [J]. 工程抗震与加固改造，2009，31（5）：101–107.

[122] 周乾，杨娜，淳庆. 故宫太和殿二层斗栱水平抗震性能试验 [J]. 东南大学学报（自然科学版），2017，47（1）：150–158.

[123] 谢启芳，向伟，杜彬，等. 古建筑木结构叉柱造式斗栱节点抗震性能试验研究 [J]. 土木工程学报，2015，48（8）：19–28.

[124] 马炳坚. 中国古建筑木作营造技术 [M]. 北京：科学出版社，1991.

[125] 崔瑾. 太和殿斗栱构造浅析 [C]. 北京：故宫出版社，2014：278–301.

[126] 刘敦桢. 中国古代建筑史（第二版）[M]. 北京：中国建筑工业出版社，1984.

[127] 周乾. 故宫古建木柱典型残损问题分析及建议 [J]. 水利与建筑工程学报，2015，13（6）：107–112.

[128] 文化部文物保护科研所. 中国古建筑修缮技术 [M]. 北京：中国建筑工业出版社，1983.

[129] 王哲，王喜明. 木材多尺度孔隙结构及表征方法研究进展 [J]. 林业科学，2014，50（10）：123–133.

[130] 杨树根，张福和，李忠，等. 木材识别与检验 [M]. 北京：中国林业出版社，2014.

[131] 徐博瀚，蔡竞. 木材强度准则的研究进展 [J]. 土木工程学报，2015，48（1）：65–78.

[132] Forest Products Laboratory. Wood handbook：wood as an engineering mater[M]. Wanshingdon DC：University Press of the Pacific, 2010.

[133] 刘一星，赵广杰. 木材学 [M]. 北京：中国林业出版社，2012.

[134] Kasal, B., Leichti, R. J. State of the art in multiaxial phenomenological failure criteria for wood members[J]. Progress in Structural Engineering and Materials, 2005, 7（1）：3–13.

[135] Forest products laboratory. Wood handbook：wood as an engineering material [M]. Wanshingdon DC：University Press of the Pacific, 2010.

[136] 孙燕良，张后江，朱磊，等. 木材密度检测方法研究现状与发展 [J]. 森林工程，2011，27（1）：23–26.

[137] 徐兆军，丁涛，丁建文，等 . 基于断层扫描技术的木材含水率检测技术研究 [J]. 木材加工机械，2009（4）：7-9.

[138] 刘致平 . 中国建筑类型及结构 [M]. 北京：中国建筑工业出版社，1987.

[139] 邵卓平 . 木材和竹材的断裂与损伤 [D]. 安徽农业大学，2009.

[140] 中国主要木材名称：GB/T 16734—1997[S].

[141] 中国主要进口木材名称：GB/T 18513—2001[S].

[142] 木材密度测定方法：GB/T 1933—2009[S].

[143] 木材顺纹抗压强度试验方法：GB/T 1935—2009[S].

[144] 木材抗弯弹性模量测定方法：GB/T 1936.2—2009[S].

[145] 凌强 . 古代建筑文化遗产保护知识的分类研究 [D]. 中国科学院，2008.

[146] 陈蔚 . 我国建筑遗产保护理论和方法研究 [D]. 重庆大学，2006.

[147] 史晨暄 . 世界遗产保护新趋势 [J]. 世界建筑，2004（6）：80-82.

[148] 建筑工程施工质量验收统一标准：GB 50300—2013 [S].

后 记

本书能够出版感谢北京市教育委员会项目资助，其中本研究为北京市教育委员会科研计划项目（社科计划一般项目，项目编号：SM201910020001）的一部分。

写作中感谢我的博士导师——北京工业大学建筑与城市规划学院院长戴俭教授，他学识渊博、治学严谨，引导我对古建筑、传统村落的学术热情及研究方向，并对本书的研究内容划定、技术路线等进行悉心指导。

感谢钱威老师在本书写作、试验中给予的意见和鼓励，感谢杨昌鸣教授、苏经宇教授、郭晓东老师、李江老师、王威老师、段智君老师在体系研究、模型拟合中给予的意见和帮助。

感谢李鑫师兄、刘科师兄在本书写作、试验中给予帮助，感谢向颖、朱兆阳、韩晓丽、程丽婷、杨蒙、赵超等同门的帮助和支持，感谢马俊、任华东在试验中的帮助。感谢北京市历史建筑保护工程技术研究中心对试验条件的大力支持。

感谢中国林业科学研究院木材工业研究所钟永老师在树种鉴定、试验方案等内容上给予的宝贵意见和支持。

感谢北京农学院文法与城乡发展学院韩芳院长、夏龙老师、苟天来老师对本书的整理和出版工作提出的许多宝贵建议，同时感谢学习、工作期间遇到的老师、同事、同学，他们的教导、鼓励和支持帮我度过写作的每个阶段。

最后感谢我的家人。我的父亲常金祥、母亲李双芹一心付出，不求回报，时常叮嘱一家人平平安安就是最大的幸福，他们是我坚强的后盾。感谢姐姐、弟弟在我写作本书中遇见困难时给予我的支持和鼓励。

本书作为对木结构古建筑预防性保护技术现有资料的梳理和补充，因木结构古建筑预防性保护涉及建筑学、材料学、力学、管理学等多个学科，以及时间所限，故书中或有未尽、不当之处，敬请指正，以便今后进一步修改、完善。